正气歌·百年党史家风故事

# 新中国英模人物的家风故事

徐鲁 著

天津出版传媒集团

新蕾出版社

图书在版编目（CIP）数据

新中国英模人物的家风故事 / 徐鲁著. -- 天津：
新蕾出版社, 2022.7
（正气歌·百年党史家风故事）
ISBN 978-7-5307-7216-4

Ⅰ.①新… Ⅱ.①徐… Ⅲ.①家庭道德–中国–青少
年读物 Ⅳ.①B823.1-49

中国版本图书馆 CIP 数据核字（2021）第 110780 号

扫一扫　听故事

书　　名：新中国英模人物的家风故事
　　　　　XINZHONGGUO YINGMO RENWU DE JIAFENG GUSHI
出版发行：天津出版传媒集团
　　　　　新蕾出版社
http://www.newbuds.com.cn
地　　址：天津市和平区西康路 35 号(300051)
出 版 人：马玉秀
电　　话：总编办 (022)23332422
　　　　　发行部 (022)23332351　23332679
传　　真：(022)23332422
经　　销：全国新华书店
印　　刷：天津新华印务有限公司
开　　本：880mm×1230mm　1/32
字　　数：70 千字
印　　张：6
版　　次：2022 年 7 月第 1 版　2022 年 7 月第 1 次印刷
定　　价：29.80 元

目录

1

# 一门三院士

## ——李四光的家风故事

## 努力向学，蔚为国用

1905 年 8 月 20 日，孙中山领导的"中国同盟会"在东京成立。正在日本留学、年仅 16 岁的李四光，成了同盟会的第一批会员。孙中山对李四光说："你小小年纪，就有如此革命志向，甚好！"说完还特意书写了"努力向学，蔚为国用"八个大字，赠给了李四光。这八个字的意思是：努力学好本领，将来用自己的学问救国报国。

可是，那时候的中国是多么贫弱和落后呀！虽然古老的华夏地大物博，地下有丰富的石油等矿产，可是还没有谁能找到它们。国家的地质勘探和开采技术还十分落后，有的矿产，比如钼、铬等，只能出产很少的一点儿，外国人甚至说中国是一个"贫油"的国家。没有能力探寻和开发地下矿藏，就没有工业发展所需要的能源、原材料，国家也就强大不起来。李四光学习造船技术、振兴实业的梦想，在回到祖国后，很快就被现实击碎了。

1913 年夏天，李四光第二次离开祖国，到外国留学。这一次，他进入英国伯明翰大学，先学采矿，后学地质，准备将来为国家寻找和开发地下宝藏。

经过几十年的努力，李四光的这个梦想终于实现了。他成了著名的地质学家，成为世界地质学上的一门重要学科——地质力学的创立者，也是中国

地球科学和地质事业的奠基人和领军人物之一。

1948年春天，第18届国际地质大会在英国伦敦召开。李四光作为中国地质学会的代表，应邀前往参加，会后留在英国进行地质考察。1949年10月初，一天凌晨，李四光卧室里突然响起急促的电话铃声。

他的好朋友——作家凌叔华得到一个消息，说是蒋介石集团的人正想方设法在英国寻找李四光，想让他发表一个公开声明，拒绝承认中华人民共和国，更不要接受新中国的人民政协给他的全国委员会委员的身份。李四光这时候才知道，原来自己的名字已经公开出现在新中国的中国人民政治协商会议全国委员会委员名单里。凌叔华凌晨打来这个电话，就是要他赶紧想办法离开英国。

李四光本来打算带家人一起走，但他预订的船票下个月才有效。于是，他当机立断，先独自搭乘一

艘小轮船前往法国，又辗转到瑞士，然后在那里等夫人许淑彬和他会合后，一起返回祖国。临走前，他给国民党政府驻英国大使留下了一封信，他在信里表示，中华人民共和国是他日思夜盼的理想国家，他已经启程返国……

1950 年 5 月 6 日，李四光夫妇回到了首都北京。这一年，李四光正好 60 岁。


## 敲打石头的人

山冈上，一位老人带着几个年轻人，正在寻找着不同形状的石头。他们是石匠吗？看上去又不太像。老人举着放大镜，仔细端详着敲打下来的石头，像在

欣赏珍宝一样。不一会儿，他又握着地质锤，朝更高的地方攀登去了……

这位老人就是李四光。在新中国成立初期的火红年代里，李四光每天都是如此的忙碌。有时候天还没有亮，星星还在天空眨着眼睛，他就戴上草帽，穿着野外考察专用的地质鞋出发了。

山路弯弯，向茫茫的远方延伸。山脚下，有他和地质队员们临时驻扎的帐篷。国家需要的宝藏，就藏在这些大山深处。

静静的夜晚，李四光最喜欢做的事，就是拿着放大镜，在灯光下不厌其烦地端详这些石头。从这些石头中，他能破解地底下的好多秘密。他通过这些奇怪的石头，研究地壳的构造、变迁，研究古生物消失的秘密，研究中国第四纪冰川遗迹，寻找地震发生的规律……

李四光创建的地质力学这门学问，可以帮助科学家和地质勘探队员更准确地在深山、峡谷、草原和海洋深处，不断地为国家找到新的宝藏。他自谦是一个"敲打石头的人"，其实他是为新中国探寻地下宝藏的人。

1953年冬天，毛主席邀请李四光到中南海，和他进行了一次长谈。毛主席说："新中国要进行建设，缺了石油怎么行啊？天上飞的，地上跑的，没有石油都转不动哟！李四光同志，你是地质部部长，你看怎么办哪？"毛主席想得到一个明确的答案，我们的地下究竟有没有石油。

李四光胸有成竹，给了毛主席一个肯定的回答："我有两点认识。第一，中国的地下有丰富的石油储量；第二，当务之急，我们需要开展大量的石油普查工作。"

他通俗而又形象地给毛主席描述：整个新华夏构造体系，就是一个巨大的"多"字型构造体系。在这个体系里，有三条隆起带和三条沉降带互相间隔着。隆起带的山脉和群岛，沉降带的浅海海域和平原盆地，全都排列得整整齐齐，就像天空里飞过的雁阵，排列成类似"多"字的形状。在这些山脉和群岛中，有可能蕴藏着许多矿藏；在这些浅海海域和平原盆地中，也有可能蕴藏着丰富的石油和天然气……

　　最后，李四光又信心满满地对毛主席说道："我坚信，新华夏构造体系的隆起带或沉降带，不仅能生成石油，而且还能储存石油。因此可以说，我国的地下石油和天然气的储量是巨大的，远景是辉煌的！"

　　听了李四光的描绘和论述，毛主席、周总理等党和国家领导人心里都有底了。毛主席高兴地表示，地质部就像是地下情况的"侦察部"，它的工作搞不

好，就是一马挡路，万马都不能前行。毛主席还要求，地质工作要比别的领域提早一个五年、一个十年计划。

李四光十分赞同毛主席的观点，他后来说："毛主席的这一指示，非常非常重要，一语道出了争论好多年的地质工作的性质，也给我们指明了方向。"

## 实现了夙愿

在接下来的许多年里，李四光带领着国家地质部，真正起到了"侦察部"的作用。新中国的建设需要什么，他们就研究什么、关心什么和寻找什么。

李四光虽然是享誉中外的大科学家，但为了新

中国的建设事业，他和许多年轻的地质勘探队员一样，常年在荒山野岭奔波、工作，"天当被子地当床"，以苦为乐，无怨无悔。从 20 世纪 50 年代到 60 年代，我国的大庆油田、胜利油田、大港油田相继被发现与开发，还有钼、钨、铬、铀、金刚石等珍贵的金属矿产以及宝贵的地下水和天然气资源被勘探与开发……这些都凝聚着李四光和他们这一代地质科学家的智慧、心血和汗水。

李四光说："我国有这样辽阔的海域，而且大都是浅海，下面蕴藏着大量宝藏。这正是我们地质工作者大有作为的地方！"

李四光也曾多次对夫人许淑彬说："我们都是从旧中国走过来的，中国有了共产党，才算真正有了希望！"加入中国共产党，是李四光的夙愿。

不过在很长一段时间里，这位老科学家总是觉

得自己条件不够，没有向党组织提出申请。一直到了 1957 年，经过认真考虑后，他才正式递交了入党申请书。

1958 年 12 月 29 日，在全国人民将要迎来新中国诞生 10 周年的前夕，李四光也迎来了让自己毕生难忘的时刻——这一天，他被中共中央国家机关委员会正式批准为预备党员。这位从苦难和黑暗的旧中国艰难地跋涉过来的爱国知识分子和科学家，从此迈上了生命的另一个起点，迈上了另一个高度。

入党后，李四光在写给苏联的一位科学家尼古拉耶夫教授的书信中，这样表达了自己内心的感受："我个人能够生逢这样伟大的时代，我深深感到生活真有意义，生命值得珍贵（惜）。"

1959 年，在欢庆新中国诞生 10 周年的日子里，作为一位享誉中外的老科学家，李四光甚至还在百

忙之中,放下自己手上的一本重要著作《地质力学概论》的撰写,耗费了一周的时间,特意为"祖国的花朵"创作了一篇优美的科普散文《看看我们的地球》。

在这篇文章里,李四光用浅显易懂的文字介绍了地球的构造、地球在太阳系中的位置以及有关地球起源的不同学说。最后,他鼓励新中国的孩子们要热爱科学、热爱自然,不断关注和探索自然界的奇妙变化,掌握更多的科学知识和自然规律,这样才能有足够的本领,去建设伟大的祖国,去创造幸福的明天和美丽的新世界。这篇文章后来被收入《科学家谈21世纪》一书中,成为这位科学家爷爷留给一代代少年儿童的宝贵礼物。

## 一门三院士

李四光和女儿李林、女婿邹承鲁，都是著名科学家、中国科学院院士。他们一家子两代人，"一门三院士"科学报国的故事，成为中国科学界津津乐道的佳话。

李四光曾说："一个科学技术工作者，如果抱定了为社会主义祖国的富强、为人类幸福前途服务的崇高目的，在工作过程中，不断攻破自然秘密……他的生活会多么丰满、愉快、生动和活泼。"

李四光当年为了国家的需要，从立志学造船到改学地质学。回到新中国的怀抱后，更是祖国建设需

要什么，他就研究什么、关心什么和寻找什么。这种赤诚的爱国热情和科学报国的精神，深深影响着女儿李林的成长。

正是在父母言传身教的影响下，李林参加工作后，也从国家的现实需要出发，三次"改行"，不断调整自己的科研专业。先是参加了中国第一个核反应堆实验，后来参与了第一颗原子弹引爆材料试验，还参与了第一艘核潜艇材料试验。李林的丈夫邹承鲁，也在自己的专业领域不断进行着科学攻关。他和他的团队用了8年时间，成功合成了人工牛胰岛素。这是世界上第一种人工合成的蛋白质。

继父亲李四光之后，女儿李林和女婿邹承鲁两人都光荣当选为中国科学院院士，实现了一家两代人科学报国的共同理想。

## 好家风，永流传

邹宗平是李林和邹承鲁的女儿，大家都叫她平平，现在担任北京李四光纪念馆馆长特别助理。

1966年，李四光已是70多岁的老人了。这一年，平平看到外公在一个木盘里用泥巴做了一个扭曲的岩层模型。

我们知道，李四光从小就有凡事自己动手的好习惯。很小的时候，他看到妈妈每次舂米都要踩着沉重的石碓，非常吃力，就独自琢磨半天，然后把绳子搭到房梁上，运用简单的机械原理，给妈妈制作了一个用起来非常省力气的石碓。他还经常从竹林里捡

来竹子,给弟弟妹妹制作小竹船之类的简易玩具。

成为科学家后,李四光也一直保持着很强的动手能力,自己制作过沙盘,制作过岩层模型,甚至还制作过一辆推起来既省力又方便的简易小推车……

他经常用古希腊物理学家阿基米德的那句名言来鼓励平平:"'给我一个支点,我可以撬动地球。'搞科学的人,一定要培养自己的动手能力,只有先学会了动手,你才能有所创新,才能'撬动'地球嘛! 你说对不对呀,平平?"

李四光特别喜欢这个什么事都"打破砂锅问到底"的外孙女。他觉得,平平那无时不在的好奇心和自己小时候特别像。所以,只要一有闲暇,他就喜欢和平平一起"讨论"科学问题。当然啦,外公的"任务"主要是回答平平各种各样的提问。

平平一天天长大了,成了李四光"得力的帮手"。

一个星期六的晚上，李四光收到一份广东一个地热试验电站发电成功的报喜电报。他高兴极了，马上拟了一封贺电，第二天一清早，就让平平送到电报大楼请工作人员拍发。

那天晚上，他兴奋得几乎一夜没睡，和平平的外婆畅谈着国家在地热开发方面的前景，一直谈到天亮时分……

李四光喜欢让平平称呼他为"爷爷"，所以平平从小就称外公为"爷爷"。

"爷爷，您是在研究地震发生的规律吗？"

"对呀，找到了地震发生的规律，我们就可以预防它了。"

"爷爷，那样是不是就可以像锔锅、锔缸一样，给地球打上一些'锔子'①呢？"

①锔子：用铜或铁打成的扁平的两脚钉，用来连接破裂的器物。

"哎呀，这个主意非常妙！"爷爷一听，大笑着说，"我怎么没有想到啊？"

原来，这段日子在李四光的脑海里占了最重要的位置，也让他时常寝食不安的词，就是地震、地震、地震！

在李四光晚年，平平经常围在他的身边问这问那，也陪伴着他，听他回忆自己漫长的一生。

在平平心目中，爷爷是一位了不起的地质学家，是一位大科学家和大教育家，他不仅要为国家寻找地下宝藏，像煤炭啦，石油啦，以及其他各种珍贵的矿产，还要研究地壳的变化，弄清楚大海怎么变成了高山，古代的冰川是怎么消失的，怎样才能预防地质灾害……而且，爷爷还为国家培养了许许多多地质学方面的人才。

可爷爷总喜欢说，他是个"敲打石头的人"。平平

记得，她小时候经常看到爷爷收拾行装要出远门的样子——爷爷总是把他的地质锤、放大镜、水壶什么的，一样一样地装进大帆布口袋里。

每当这时候，平平就会缠着爷爷说："爷爷，您可以带我去敲石头吗？"爷爷轻轻揪着她的小辫子说："可以呀，等你长大了，爷爷就带你去攀登好多好多高山。"

爷爷出门时，她的外婆、妈妈，也总要把爷爷送到大门口，然后叮嘱爷爷一路平安，早点儿回家。

后来，爷爷年老了，不能再出远门，去攀登那些高山了。多半的时间，他会戴上老花镜，坐在躺椅上看书。

有一天，平平好像想起了什么，突然问道："爷爷，您还记得我小时候，您给我讲的故事《一块烫石头》吗？"

"故事里讲了什么啊？"爷爷故意问她。

"有一块烫石头,只要谁把它砸碎了,谁就能从头再活一次。好多人都劝那位老爷爷去砸碎那块烫石头,因为他一生都没有享受过幸福,过得太辛苦了……"

"结果呢？老爷爷有没有砸碎那块烫石头呢？"

"当然没有啦!老爷爷说:'我为什么要从头再活一次啊？没错,我曾经过得很辛苦,可是我,还有我们这一代人,都把自己的一生献给了国家,我们过得很真实呀! 难道这还不幸福吗？'"

"是呀,老爷爷说得多好哇!"爷爷坐在躺椅上笑了笑,伸出手轻轻拨动着身旁的一个地球仪。小小的"地球"在他手下急速旋转了起来……

## "李四光小道"和李四光星

在北京市海淀区魏公村中央民族大学南侧,有一条又长又窄的东西走向的小路,它真正的名字叫民族大学南路,但是居住在这一带的人们,更习惯称它为"李四光小道"。

原来,地质学家李四光生前总喜欢在这条路上边散步边思考问题。人们之所以把它称为"李四光小道",不是因为这条路是专门给李四光家修的,而是因为每天早晨或黄昏的时候,人们经常能看见李四光先生在这条小路上散步的身影。

在李四光诞生120周年时,2009年10月4日,

经国际小行星中心和国际小行星命名委员会正式批准，中国国家天文台将一颗在 1998 年 10 月 26 日（10 月 26 日是李四光的生日）被发现的、国际编号为第137039 号的小行星，永久命名为"李四光星"。

这颗美丽的行星，代表和纪念着一个闪亮的名字；这颗耀眼的行星，也代表和纪念着一种引导人们前行的崇高和伟大的精神。

# 打赤脚的将军

## ——甘祖昌、龚全珍的家风故事

## 将军回到家乡

开国将军坚决要求回乡当农民？这可是一件稀奇事！这位将军，就是曾对中国的革命事业做出了重大贡献的老红军——甘祖昌将军。

甘祖昌是江西省莲花县人，1927 年，22 岁的他加入中国共产党，第二年就参加了中国工农红军。

他从红色根据地井冈山起步，跟随红军参加了长征，接着又参加了抗日战争、解放战争，是一位身

经百战、战功赫赫的开国将军,荣获过八一勋章、独立自由勋章、解放勋章等。

1952年春天,正在新疆军区担任后勤部部长的甘祖昌,在检查完工作返程时,乘坐的车子翻到了河里。他身负重伤,留下了严重的脑震荡后遗症。此后的日子里,他常常为自己的身体叹气,总觉得自己正当壮年,但为党和国家做的工作太少了。

1955年,甘祖昌被授予少将军衔,但他的脑震荡后遗症越来越严重, 他觉得自己不能再胜任部队里的工作了。有一天, 他对妻子龚全珍说:"比起那些为革命牺牲的老战友,我的贡献太少了,组织上给我的荣誉和地位太高了!"

妻子明白他的心事,就说:"你有什么打算,就向组织说吧,无论怎样我都支持你!"

于是,甘祖昌就不止一次地向上级打报告,请求

组织批准他"解甲归田",回江西老家去当一名普通的农民。

1957 年,组织上经过研究,批准了他的请求。这一年 8 月,甘祖昌带着家人离开部队,回到了老家莲花县沿背村。这一年,甘祖昌将军 52 岁,龚全珍 34 岁。


## 艰苦朴素的家风


从一位穿皮鞋的将军,一下子变成了田地里的"赤脚大仙",老家的乡亲们对甘祖昌的选择难以理解,觉得他"太傻"。

有的乡亲还"数落"他说:"祖昌哪,你穿着草鞋

从沿背村跟着红军队伍走了,好不容易打下了江山,打出了一个新中国,现在又打赤脚回到村里来,那你那么多年的仗不是白打了? 血不是白流了? ”

甘祖昌听了,哈哈一笑,连忙解释说:“共产党、毛主席领导的革命队伍, 是为全国的老百姓打江山的,是为所有的劳苦大众谋幸福的。我参加革命,可不是为了个人的高官厚禄和生活享受! 怎么能说是仗白打了、血白流了呢? ”

“那你成了将军,又回到村里来种田、打柴,不后悔吗?”

“后悔啥呢? 共产党人的本色,就是永远要艰苦奋斗嘛! ”

甘祖昌一点儿也不后悔自己的选择, 心甘情愿地当起了打赤脚的种田人。他常常连一双草鞋都舍不得穿,早上赤脚出门,晚上赤脚回家,甚至还在家

里立了个"规矩":孩子们也一律不准穿鞋下田。

这是什么规矩呢？夫人龚全珍和孩子们一开始也不太理解，更无法适应。特别是孩子们，一个月前还生活在部队大院里，吃着糖果唱着歌，现在转眼就变成了打赤脚的"野孩子"。

过了好久，孩子们才渐渐明白父亲的"良苦用心"。原来，父亲让他们打赤脚不是为了省鞋。从小就放牛、打柴火的父亲，懂得一个道理：在乡下，不会赤脚走路，就无法参加生产队的劳动，也就不能和农民打成一片、同甘共苦。

龚全珍也慢慢理解了丈夫的苦心，全力支持丈夫对孩子们的要求。很快，龚全珍也从一位"将军夫人"变成了一个地地道道的农妇，和丈夫一起，用艰苦朴素的好家风，默默地影响着孩子们的成长。

从此，孩子们对父母的选择和教导，都更加理

解,脚踏实地地跟着父亲、母亲不断学习各种农活技艺,踏踏实实当起了农民。

甘祖昌回到老家后,始终保持着老红军艰苦朴素的作风,一心一意帮助乡亲们排忧解难。

在他的生活里,没有"享受"二字,只有"吃苦"和"奋斗"两个词。他每次去北京开会,总是"上车前一碗面,车上一碗面,下车一碗面",靠着简单的三碗面,就从家乡到了北京,从无例外。

有一年,他获知有一个水稻优良品种叫"清江早",生长期只有短短 70 天,他很是高兴,就对乡亲们说:"全县有一万多亩秧田,如果种'清江早'正好赶上种晚稻,亩产五六百斤,全县就可增产五六百万斤哪!"

他到处打听哪里能买到"清江早",技术员说清江县(现为樟树市)农科所里有。甘祖昌说:"好,你

跟我一起去，马上走！"

技术员说："到了清江火车站，离县城还有七八里路，要不我先和县委联系一下，请他们派辆车？"

甘祖昌说："七八里路算什么？走着去！不要给人添麻烦。"

不巧的是，那天下了雨，甘祖昌的布鞋上沾满了湿泥巴，赶起路来很不方便，他索性脱掉鞋子提在手上赶路。

看到眼前这一幕，那个年轻的技术员怎么也无法把这位"甘爹爹（爷爷）"和"开国将军"联系在一起。

甘祖昌务农的沿背村，耕地多是冬水田，平均亩产量总是很低。他带着乡亲们用挖地下水道排除污水的方法，给农田开沟排水，使粮食亩产量提高了50%。为此，他还被当时的中国科学院江西分院聘请

为研究员。

后来，他又带着乡亲们经过多年奋战，在家乡修建了江山水库和好几条灌溉水渠。水库建成后，他又和技术员研究建发电站、机械修配厂和水泥厂等配套工程。有了发电站，附近的村子家家户户都有了电灯，从此结束了大家点煤油灯的历史。乡亲们欣喜地说："这电灯的光亮，是老红军给我们送来的哟。"

## 甘爷爷是"一盏明亮的灯"

从 1969 年开始，甘祖昌又找来工程师，带着乡亲们，冒着严寒，顶着酷暑，风餐露宿、披星戴月地

苦干了 3 年，在家乡修建了 12 座大小桥梁，改善了全县的交通条件。

这时候，自甘祖昌回乡已经过去了 10 多年，孩子们从父母的日常生活和言行中，真切地体会到了什么叫共产党人的"一生为党、一心为民"，什么是艰苦朴素的"清白家风"。

甘祖昌的孩子们成年后，也从来没有因为自己的父亲是新中国的开国将军，是国家和人民的功臣而向组织要求"特殊的照顾"。

至今，甘祖昌和龚全珍的后辈都在平凡的工作岗位上默默地、勤勤恳恳地工作，老老实实、清清白白地做人，从来也没有给二老"抹过黑"。他们身边的同事和朋友，几乎没有人知道，他们是一位战功赫赫的开国将军的后代。

甘祖昌有个孙子，名叫甘军。甘军 19 岁参军入

伍,21岁成了一名光荣的共产党员,24岁转业回到家乡的工商部门工作。

无论是在部队里,还是转业后在地方的普通工作岗位上,甘军一直把自己的爷爷是新中国的开国将军这个秘密,深深埋在心底。他踏踏实实在基层一干就是十几年,还主动要求到地处偏远、条件艰苦的高坑工商所工作。

一直到2010年12月中旬,甘军的领导接到一个电话,特邀甘军参加甘祖昌将军雕像落成仪式,大家这才知道,甘军是老将军的后代,而这个秘密竟然被他隐藏了十几年。

甘军还有一个秘密,就是他的眼睛。在部队服役时,有一次,他因公负伤,撞伤了右眼,被确定为三等乙级伤残。但他从来没有对领导和同事提起过此事,大家都以为他是因为近视才戴眼镜的。

甘军在谈起自己一直保守的这两个"秘密"时，这样说道："我很平凡，爷爷教育我，人生最重要的是要坚守信念，而不是对组织有所要求。在我心中，爷爷就是一盏明亮的灯。"

　　是的，甘爷爷不仅是孙子甘军心中的一盏灯，也是江西革命老区和全国的干部、百姓心中一盏不灭的灯。

　　"革命后代，将军传人；淡泊名利，情操高尚。"这是江西省萍乡市工商系统的同事们赞美甘军的16个字。这16个字里，也包含着他们对甘祖昌家高尚和美好的家风的礼赞。

## 不要给我盖房子

1985 年,甘祖昌老将军的旧病复发了。新疆军区首长派人来慰问,提出要为甘祖昌在南昌盖栋房子养老。

甘祖昌听了,以不容商量的口吻说道:"感谢组织上和同志们对我的关心,我已经 80 岁了,还盖房子干什么?为国家节省点开支吧。"

1986 年春节过后,甘祖昌病势转重。弥留之际,他还不忘交代家人:"领了工资,留下生活费……其余全部买化肥农药,支援农业……不要给我盖房子……"

1986 年春天，甘祖昌老人在故乡莲花县逝世。他没有为后代留下任何物质上的遗产。他回乡 29 年来，每月的工资除了留下维持一家人最低标准的生活费，其余的都尽量节省下来，用来建设家乡，为家乡添置各种农业和水利设备。甘祖昌陆续捐献给家乡的现金，仅是有据可查的数字，就有 85000 多元，占他工资的 70% 以上。平时他为乡亲们救急解难拿出的钱，更是无法统计了。

　　甘祖昌老人去世后，老伴儿龚全珍遵照丈夫的遗愿，继续艰苦奋斗，自强不息，也从来没有向组织提过任何要求。龚全珍以前在新疆的时候就是一名人民教师，到了莲花县，她继续以教师的身份，用教书育人的方式，倾尽自己的所有，全心全意为乡亲们排忧解难，在山区孩子们幼小的心田里播撒知识和美德的种子。

几十年下来，龚全珍自己早就记不清，她帮助过多少失学的孩子，劝回过多少辍学的儿童，为多少个贫困家庭的学生一次次默默地交了学费。

2013年9月26日，习近平总书记在会见第四届"全国道德模范"称号获得者时，将亲切的目光转向了坐在第一排的一位老人，饱含深情地对大家说道："我向大家介绍全国道德模范龚全珍同志，她是老将军甘祖昌同志的夫人。"① 习总书记还给在场的300多位与会者讲述了甘祖昌老人的故事，他说道："甘祖昌同志是江西老红军、新中国的开国将军，但他坚持回农村当农民，龚全珍同志也随甘祖昌同志一起回到农村艰苦奋斗。半个世纪过去了，龚全珍同志始终保持艰苦奋斗精神，并当选了全国道德模范，出

---

① 习近平.习近平谈治国理政·第一卷[M].北京：外文出版社,2018：159.

席我们今天的会议，我感到很欣慰。我向龚全珍同志致以崇高的敬意。我们要把艰苦奋斗精神一代一代传承下去。"①

习总书记话音刚落，全场响起了经久不息的掌声。

①习近平.习近平谈治国理政·第一卷[M].北京:外文出版社,2018:159.

# 丹心从来系家国

## ——钱学森的家风故事

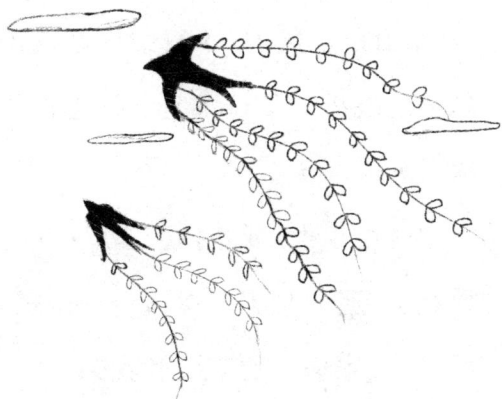

## 钱学森星

1911 年 12 月 11 日，钱学森出生在上海的一所教会医院里，父母都是浙江省杭州市大户人家里的读书人。

他很小很小的时候，就喜欢坐在夏夜的草地上数星星，遥望月亮。深蓝色夜空里，每颗星星都闪烁不停，就像灿烂的宝石和花朵。

"看，那是猎户星座，那是双子星座……"他指着

遥远的星空,告诉小伙伴们那些星星和星座的名字。

有时候,在中秋夜的月色中,爸爸会给大家讲解爱国诗人屈原的诗歌:"夜光何德,死则又育?厥利维何,而顾菟在腹?"意思是:月亮呀,你是不是拥有什么特殊的德行,为什么能够缺了又圆,落下了还会升起来?你为什么要把小蟾蜍和小兔子养在自己的肚子里呢?

漫漫的长夜里,他会坐在客厅安安静静地听妈妈讲岳飞精忠报国的故事。妈妈的声音是那么温柔、那么美……不过,听着听着,他的目光又被窗外的月亮和星空吸引过去了。他趴在窗户上,伸出双手,想要摘下一颗星星来。

有一天,他捧着书跑进书房里问爸爸:"爸爸,《水浒传》里说,那 108 个英雄是 108 颗星星下凡变成的。那么,世界上的大人物,那些为人类做出了贡

献的伟人，也是天上的星星变的吗？"

爸爸放下手上正在做的事，认真想了一下，回答他说："学森呀，星星下凡，只是人们的一种幻想，是古代人的一种美好愿望。其实，所有的英雄和伟人，像张衡、祖冲之呀，诸葛亮、岳飞、文天祥，还有孙中山呀，他们原本都是普通的人，只是他们从小就爱动脑筋，有远大的报国志向，不怕任何困难，所以才能做出惊天动地的大事情。"

"哦，原来英雄和大人物，都不是天上的星星变的！那我长大了也可以成为英雄吗？"

"当然能啊！"爸爸高兴地说，"自古英雄出少年嘛！只要你从小就立下远大的志向……"

爸爸的话，他牢牢地记在了心里。

钱学森长大后，乘着大船，跨过太平洋，开始寻找他的科学梦想。1935 年 9 月，他进入美国麻省理

工学院航空系学习。坐在大学校园的绿草地上，他还是那么喜欢仰望星空。

不久，他又转入加州理工学院航空系，跟着被人们称为"超音速飞行之父"的科学大师冯·卡门先生学习航空动力学。冯·卡门主持的航空实验室被誉为"人类火箭技术的摇篮"。钱学森成了大师最赏识、最信任的助手。

繁星在闪烁，星星好像在呼唤着每一个喜欢仰望星空的人。"中国男孩，欢迎你成为'火箭俱乐部'的一员！""火箭俱乐部"的同学们张开双臂拥抱了这位"火箭迷"。

美丽的夜晚，钱学森和"火箭俱乐部"的同学一起，发射了自己造的第一枚小火箭。小火箭带着他的梦想，向着夜空飞去……他那时候的梦想，就是要让自己的祖国，让全人类，飞得更快、更远、更高！

新中国诞生了！他和夫人归心似箭，恨不能立刻就飞回祖国。可是，回家的路是那么漫长和曲折。他们冒着生命危险，冲破重重阻力，带着两个幼小的孩子，终于踏上了回国的旅程……

大船朝着祖国的方向乘风破浪。两个人迫不及待地站在甲板上，心里大声呼唤着："祖国啊母亲，我们回来了！回来了……"

回到祖国不久，一位身经百战的将军迫不及待地向钱学森提问："尊敬的大科学家，请告诉我，咱们中国人，能不能造出自己的导弹呢？"他微笑着回答："当然能！外国人能造出来的，我们中国人同样能造出来，必须造出来！"

不久，他就像突然"失踪"了一样，家人、朋友都不知道他去哪儿了，就是知道了，也不能说出来。儿子大半年见不到爸爸，常常问妈妈："爸爸去哪儿

了？"妈妈只能这样告诉儿子："在远方，在很远很远的远方……"

许多年之后，儿子才知道，爸爸"失踪"后，一直在大沙漠里，和无数的科学家叔叔、解放军叔叔一起工作。他把全部精力投入到了中国导弹、火箭、卫星和飞船的研制与发射事业上。

钱学森年老的时候，仍然喜欢和自己最亲爱的人一起，坐在夏夜的草地上数星星，遥望月亮……

人们说，钱学森为国家做出的贡献，也像天上的星星一样多，一样耀眼。他创立的多种学说，能使工人更快、更好地建好大工程，也能让我们居住的城市变得更美丽，让荒凉的沙漠变成神奇的宝库……

2001年，钱学森90岁了。有一天，他和夫人蒋英相互依偎着，坐在公园里，遥望月亮和星星。不远处，有一位美丽的女教师，正领着一群小朋友，也坐

在那里看星星。女教师指着寥廓的星空说："孩子们，你们知道吗，在那些像宝石一样闪烁不停的星星里，有一颗国际编号为 3763 号的小行星，就是用钱学森爷爷的名字命名的，它的名字就叫'钱学森星'……"

2009 年 10 月 31 日上午 8 时 6 分，一代科学大师钱学森在北京逝世，享年 98 岁。


## 大手牵小手

钱学森的儿子钱永刚教授，是一位著名的工程师和计算机应用软件系统专家。他曾写过一篇深情的回忆性散文《大手牵小手——回忆父亲钱学森》。

从这篇文章里，我们看到了钱学森一家当年在回国途中的一些经历，还有在他们乘坐的"克利夫兰总统号"邮轮上的一些真实的生活细节。

那时候钱永刚才 7 岁，还不可能理解"回国"的意义。但是在他和妹妹永真天真懵懂的幼年记忆里，已经有了这样的印象：只要爸爸走到哪里，他们就会跟到哪里。他和妹妹都相信，爸爸、妈妈带他们去的地方，一定是很好、很美的地方。

大船要在浩瀚的海洋上航行很多日子。当钱永刚带着妹妹在甲板上、走廊上玩耍的时候，钱学森和夫人就会靠在船舷上，有时望着两个可爱的孩子，有时商量和憧憬着回到新中国后怎样开始各自全新的工作……

当时，和钱学森一家一起乘着这班邮轮回到祖国的，还有著名数学家许国志和他的夫人蒋丽金，著

名物理学家李正武博士夫妇等。

许国志回国后，为新中国的系统工程研究做出了巨大贡献，他的夫人蒋丽金是感光化学领域的专家。后来夫妻双双成为中国科学院院士。钱学森在船上和他们夫妇有过数次长谈，对这对科学家夫妇回国后的科研方向，起到了一定的指引作用。

这些事也给童年的钱永刚留下了深刻的记忆。许多年后他才领悟到，原来父亲那时候的目光就那么远大，他已经在心中描绘着新中国瑰丽的科学蓝图了。

"克利夫兰总统号"邮轮在抵达菲律宾时曾稍作停留。钱学森受到了当地爱国华侨的热烈欢迎，许多华侨特意带着鲜花和礼物赶来，向这位正在奔赴祖国怀抱的科学家表达他们的敬意。

当时，有一位华侨女教师，特地跑来拜望钱学

森。两人谈得十分热烈和亲切，女教师真诚地表达了自己的敬佩之意。她说："钱先生是人人敬仰的大科学家，也是一位真正的爱国者，每一个中国孩子都应该像您这样，热爱自己的祖国母亲，为国家的强盛添砖加瓦、增光添彩！"

钱学森得知她是一位中学教师，就殷切地叮嘱她说："中小学教师的工作，给孩子打下了良好的基础。就好比做鸡蛋糕，首先要料好，而我只是蛋糕上的糖衣。"

接着，他给这位女教师讲了一些自己少年时代的学习体会。他认为，自己少年时代得到的最大教益，不是科学知识方面的，而是形象思维方面的训练，如文学、美术、音乐等，这些都为他日后从事科学研究打下了另一种基础，那就是丰富的想象力和活跃的创新精神。

"少年人不要死读书，不要当书呆子，缺乏形象思维的训练，总是循规蹈矩，不敢越雷池半步。未来的中国，一定要培养自己的创新型人才……"他说。

这些话，钱永刚和妹妹钱永真都牢牢地记在了心里。

离祖国大地越来越近了，全家人都很激动。当爸爸用大手牵着钱永刚的小手，妈妈用大手牵着钱永真的小手，一家人轻轻地、慢慢地通过罗湖口岸时，还是钱永刚眼尖，一眼就看到了高高飘扬的五星红旗。

"爸爸，妈妈，快看！五星红旗！"这时候，爸爸、妈妈，还有妹妹，都顺着钱永刚手指的方向看去。

"是呀，五星红旗！我们……终于到家了……"

此时，钱永刚看到爸爸的眼中滚落出大滴大滴的泪珠……

"爸爸……你哭啦？你不是说过，好男儿是从来

不哭的吗？"钱永刚有点儿吃惊地望着爸爸，天真地问道。

"永刚，咱们回到自己的家了，你爸爸……他是高兴的呀！"妈妈拉过钱永刚，悄悄给丈夫递上了一块手帕。

许多年后，钱永刚回忆说，父亲钱学森是一个性格极其坚强的人，自己从小到大很少见到父亲落泪。那次在罗湖口岸见到五星红旗时，父亲大滴大滴的眼泪，让他一直难忘。

据说，在钱学森一家离开洛杉矶那天，加州理工学院院长杜布里奇满怀惋惜地叹息着，对身边的人意味深长地说道："钱回到自己的国家，绝不是要去种苹果树的。"

是的，钱学森历尽千难万险返回了自己的祖国，当然不是要去种苹果树的。祖国有更为伟大的事业

在等待着他——那就是我们的"大国重器"，后来被称为新中国"两弹一星"的伟大事业。有的外国专家这样说过："钱学森回到了中国，使红色中国'两弹一星'的进程至少提前了 20 年！"

## 儿子眼中的父亲

"在我的眼中，父亲是一座神奇的、有生命的丰碑。随着我的成长，我对这个世界的理解不断加深，这座丰碑在我的心中也越来越高大，越来越明晰，越来越雄伟……

"小时候，我敬佩父亲，是因为父亲的身材比我高大得多，他是一座大山，我是依傍着大山的小草，

因为有了大山的滋养，我才能无忧无虑地生长；父亲又好像一棵大树，我是歇在大树上的小鸟，不必担心风雪骄阳。"

这两段深情而优美的文字，出自钱永刚写的那篇回忆性散文《大手牵小手——回忆父亲钱学森》。儿子长大后才慢慢知道，自己的父亲有多么伟大！

钱学森和他的同事、战友，先后研制出了我们中国的第一枚导弹、第一颗卫星，还有第一艘载人飞船。正是因为创造了这么多为中国人争光的杰出成就，钱学森才被称为中国航天科技的奠基人、人民科学家、"两弹一星"元勋、中国国防科技的领军人物。

钱永刚长大后，先是参军，成了一名光荣的解放军战士，后来又成为中国计算机软件领域里的高级工程师和著名学者、教授。他回忆说：

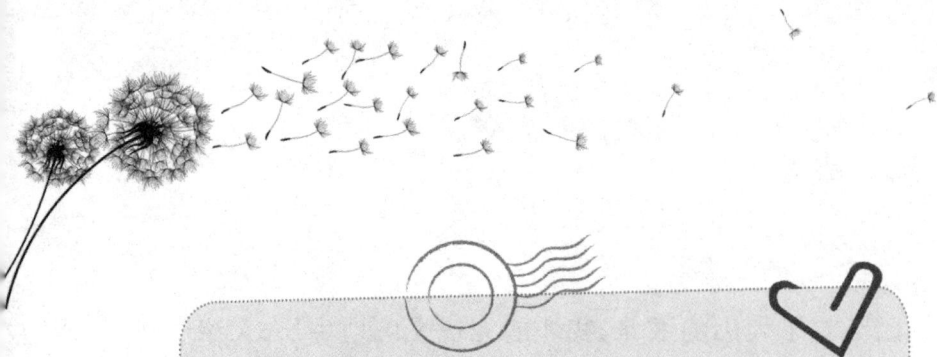

我已经长高了，父亲的身材不那么伟岸了，可是在我的眼中，他却如风暴中的一座山，不仅屹立不动，而且给亲人和朋友以力量和信心。从父亲的话里，我读到的是信任、鼓励、期望。在部队，我没有靠父亲的名望、地位和关系去谋点儿什么"特殊照顾"，但是他的话一直支撑着我度过那段在十年动乱的阴霾下并不平静的戎马生活……

　　1982 年，父亲退出了第一线，他年纪大了，不可避免地显出了老态，他的腰有些弯了，手也不那么大、那么有力了，而我的手也不再是那双被父亲牵着的小手了。"大手拉小手"，已经成了遥远而甜蜜的回

忆了。但是我很快发现，父亲仍然在引领着我前行，不是用他的手，而是用他的精神。父亲不但"退而不休"，而且他那科学家富于探索的热情有增无减。他的心中仍然焕发着青春的活力，他关注的范围更宽、更深了。他广泛涉猎音乐、绘画、电影、文学、生命科学、技术美学、现代农业，而且有研究、有心得、有创见。

他积极倡导的信息技术研究应用，极大地推动了军队信息化建设。他提出的"知识密集型大农业"理念，已经在西部地区的"沙产业"中成为现实。在那些被认为是"不毛之地"的沙漠中，盛产着沙棘、沙枣、黑番茄……

对钱学森这样一位具有世界影响力的大科学家,长期以来,社会上有一种比较片面的认知,只知道他是一位导弹专家、火箭专家。实际上,钱学森在其他一些领域的建树和成就,在中国乃至世界科学史上也是前所未有的。只不过,我们对他这些方面的建树,了解和关注得太有限了。

比如说,他是世界著名的空气动力学家,他在空气动力学界的地位,也许要比他在导弹领域的地位更高。

又比如,他是杰出的"工程控制论"的创立者,曾深入研究和积极推广系统工程学。他创立的工程控制论,可以让今天的中国更为顺利地建好许多重大工程。

他曾经提出的"山水城市"的主张,与我们国家今天正在倡导的"绿水青山就是金山银山"的理念也

是一致的，都是为了让我们生活的城市和乡村更加绿色、环保，更加美丽、宜居。

而在他提出的"沙产业"理论的指导下，生活在大西北的人们，正在荒芜的沙漠上，种植出越来越多的黑番茄、沙棘、黑枸杞等沙漠作物和果蔬，还利用沙子制成了装修材料。人们期待着有一天，沙漠也能变成祖国的"宝库"……

有一次，钱学森在翻看一本介绍他生平事迹的图书时，对儿子钱永刚说道："这些书啊，都是在说我这个好那个好、这个行那个行，这对人是没有什么启发性的。我不是什么天才。真要写，就应该说一说我为什么能取得那些成就，要说一说其中的道理和规律性嘛！"

在钱永刚看来，父亲能够取得那么多科学成就最重要的原因，是他善于用系统、科学的理论去观察

和分析问题，拥有既严谨缜密又充满活跃想象力的科学家的头脑。

## 永远追随

钱学森是一位胸怀大志的科学家。早在中学时代，他就开始悄悄地寻找和阅读一些进步书刊，接受了一些共产主义的先进思想，心中有着科学救国的梦想。

在交通大学读书时，钱学森的同学、好友中，有几位已经成为中国共产党地下党员，他很钦慕，自己也参加了中国共产党的外围组织。

1955年9月，在钱学森从美国返回祖国的途

中，曾有一位记者问他："钱先生，你到底是不是一位共产党员？"这位记者听说，钱学森之所以遭到了美国政府软禁，有一个"理由"就是怀疑钱学森是"共产党员"。对此，钱学森回答说："共产党员是无产阶级的先进分子，我还没有资格当一名共产党员呢！"

1958年，钱学森第一次向中国科学院党组织提出申请，要求加入中国共产党。他找中国科学院党组书记张劲夫谈心说，他在美国学习、生活了20年，时刻都在准备着返回祖国，为国家效力，所以，在美国连一美元的保险也没买过。回国后，他亲眼看到了新中国在共产党的领导下，发生着日新月异的变化，人民过上了有尊严的幸福的生活。所以，他多么希望能够成为一名真正的共产党人，永远追随着伟大的党，把自己的一切全部献给新中国的国防建设

事业,献给祖国母亲啊。

同年 4 月 19 日,钱学森向力学研究所党支部递交了一份长达 8 页的思想汇报,抒发了自己对党的真挚感情,表达了自己渴望加入党组织的崇高理想。9 月 24 日,钱学森向党组织正式递交了入党申请书。

1959 年 1 月 5 日,伴随着新年的到来,钱学森也迎来了自己生命中一个最难忘的神圣时刻——中国科学院党委通知他所在的力学研究所党支部,钱学森"已被接收为中国共产党预备党员,预备期一年,自 1958 年 10 月 16 日至 1959 年 10 月 16 日"。

1959 年 11 月 12 日,党支部大会成员一致同意钱学森转正。这位世界著名的科学家,终于成为中国共产党的一名正式党员。

光荣入党,是钱学森人生道路上一块醒目的里

程碑。在成为中国共产党正式党员的那个夜晚，他激动得整夜未眠，想到了很多很多事情。他想到了自己在中学时代，坐在校园的草地上，高声诵读过的卡尔·马克思的那段名言："如果我们选择了最能为人类福利而劳动的职业，那么重担就不能把我们压倒，因为这是为大家而献身；那时我们所感到的就不是可怜的、有限的、自私的乐趣，我们的幸福将属于千百万人，我们的事业将默默地、但是永恒发挥作用地存在下去，而面对我们的骨灰，高尚的人们将洒下热泪。"①

那天夜晚，这段话不断地在钱学森的心中回响着，他胸中澎湃的激情激荡着。

---

① 中共中央马克思恩格斯列宁斯大林著作编译局. 马克思恩格斯全集·第四十卷[M].北京:人民出版社,1982:7.

# 珍贵的"传家宝"
## ——谷文昌、史英萍的家风故事

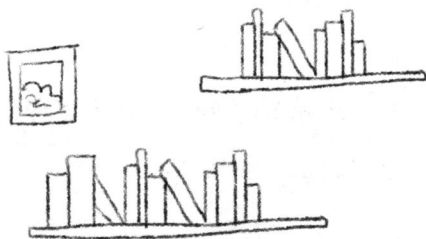

## 两只木箱子的家当

我们走进福建省革命历史纪念馆，会发现这里珍藏着 20 多件谷文昌老书记生前的日常用品，包括衣服、鞋帽、皮箱、书籍、印章、放大镜等，有的衣服上还打着补丁，它们看上去都那么普通、朴素和简单。在这些物品里，还有 12 封书信，它们是谷文昌的战友和老伴儿史英萍多年来默默资助过的一些贫困家庭学生的来信，信上有称"史奶奶"的，也有直接

叫"妈妈"的。信的内容，有的是向史奶奶汇报学习和成长情况，有的是表达对史奶奶的感恩和祝福。这些普普通通的旧物品，还有这些语句真挚的书信，见证了谷文昌和史英萍这对老夫妻多年来对党和国家、对百姓和社会默默的、无私的奉献，也见证了两颗善良、朴素和崇高的大爱之心。

1915 年 10 月，谷文昌出生在河南省林县（今林州市）。小时候因为家境十分贫寒，他跟着大人逃过荒、要过饭，还当过长工和石匠。长大后，他参加了革命工作，还光荣地加入了中国共产党。在党的培养下，他成了一名优秀干部，在老家担任过区长和区委书记。

1949 年 1 月，人民解放军迅速向江南推进。伴随着"打过长江去，解放全中国""将革命进行到底"等响亮的口号声，谷文昌和妻子史英萍随大军南下，

来到了福建。谷文昌先后担任过福建省东山县县长、县委书记，还在福建省林业厅、龙溪地区林业局、龙溪地区行政公署等单位担任过领导职务。史英萍也担任过东山县妇联主任等职。

在福建省东山县的东南部有一片荒沙滩，一旦狂风吹起，这里就风沙蔽日，人畜遭殃。多少年来，当地百姓深受这片荒沙滩的风沙灾害之苦。谷文昌来到东山不久，就了解了这一情况。他对身边的干部们说："要治穷，先除害！不治理好风沙灾害，我们对不起东山人民！"

有人有畏难情绪，说："千百年来，也没有谁能治服这片荒沙滩。"

谷文昌说："我们是共产党人，是为老百姓服务的，共产党人就应该有'敢教日月换新天'的胆魄和勇气！"为了治理风沙，谷文昌还立下了铮铮誓言：

"不治服风沙，就让风沙把我埋在这里！"

谷文昌带着全县的干部群众修筑拦沙堤、植树造林，"上战秃头山，下战飞沙滩，绿化全海岛，建设新东山"。经过数年艰苦的奋战，他们终于把千百年来危害东山人的风沙给治理得服服帖帖。如今，全县400多座山丘和3万多亩荒沙滩已经变得郁郁葱葱，141公里的海岸线上筑起了"绿色长城"……

谷文昌对工作要求十分严格，对自己的生活也十分"严苛"。谷文昌和史英萍夫妻俩，虽然都是南下的干部，但他们始终不忘自己农家子弟的本色，艰苦奋斗，勤俭持家。在他们夫妻的"人生字典"里，只有"奋斗"和"奉献"，从来没有"享受"二字。

没有人会想到，从河南老家一路南下，两只木箱子就是他们全部的家当！而箱子里装着的，是两个人简单的工作和生活用品。从黄河边到长江以南，再

到东南海岛,从东山到福州、宁化、漳州,这两只木箱子成了他们"最值钱"的家当。

按说,两个人都是国家干部,每个月都有固定的薪水。可是,在自己身上,他们却从来不舍得多花一毛钱。谷文昌的一件旧大衣,穿了 20 多年,补了又补,依然还披在身上。在东山工作时,家里连张像样的饭桌都没有,他们就在县政府宿舍的露天石桌上吃饭。遇到下雨,家里人只好端着碗躲在屋檐下吃。

但是,对待找上门来反映困难的百姓,夫妻俩却从不"吝啬",从来都是热情相帮,不是留他们吃饭,就是送上一点儿钱、粮票、布票,或者别的东西。

那时,全国实行口粮定量供应,谷家孩子多,本来也没有多余的口粮,留群众吃饭,家人就得从自己的嘴里省出口粮。有时孩子们吃不饱,看着别人吃饭也会眼馋。谷文昌就告诫他们说:"要看看老百

姓穿的是什么,吃的是什么,不能一饱忘百饥呀!"

1981 年 1 月 30 日,谷文昌因积劳成疾,在漳州病逝。那两只木箱子是谷文昌留给妻子和孩子们的全部"遗产",和这两只木箱子一同留给孩子们的,还有廉洁、清正的可贵家风。


## 亲情与党性


无论是做人还是做事,谷文昌和史英萍夫妇都以身作则,对子女们的要求十分严格,甚至有些"不近人情"。

1963 年,谷文昌的大女儿谷哲慧高考落榜,想要参加工作。那时候,全国的高中生也不算多,高中

毕业生就称得上是小知识分子了，所以，当时东山县有城市户口的高考落榜生，都会被安排一份正式工作。可是，身为县委书记的谷文昌，却坚持让女儿去当一名临时工。

女儿心里有怨言，他就开导女儿说："爸爸是领导干部，按说给你安排一份正式工作也很容易，可我不能啊！东山县的老百姓都在看着我哪！我总不能自己优先安排自己的子女吧？你还年轻，应该多锻炼锻炼，就当是爸爸欠你的吧。"

一年后，组织上调谷文昌到福建省林业厅担任领导职务，有关部门提出，是不是该给他大女儿转成正式工了？这样可以和他一起调到福州。谷文昌听了，连忙说："省里调的是我，与女儿无关，两码事！"就这样，他的大女儿一直留在东山，当了十几年的临时工，直到1979年才根据有关政策自然转正。

东山县铜陵镇的一位老人陈炳文，曾是谷哲慧年轻时的同事，谈起谷哲慧，老人记忆犹新："人很踏实，说话轻言细语，穿着打补丁的裤子，能吃苦，下乡睡地铺，没有一丁点儿千金小姐的脾气。来了几个月后大家才知道，她原来是县委书记的女儿。我们都以为她在临时工岗位上只是锻炼锻炼，很快就会转正、提干的，没想到从临时工到转为正式工，她用了 15 年。"

谷文昌最小的儿子叫谷豫东。1976 年，谷豫东高中毕业。这个朝气蓬勃的青年有一个朴素的梦想，就是穿上一身蓝布工装，到工厂车间去当一名工人。当时，他的母亲体弱多病，其他几个子女都不在身边，而根据当时的政策，一对夫妇有一个子女留城的指标，谷豫东对父亲说出了自己的心愿——留在城里当工人。

谷文昌对这个小儿子甚是疼爱，也不能说儿子的愿望有什么错。但他沉默了许久，最后还是说道："我看还是到农村去好，知识青年上山下乡，接受再教育，这是毛主席的号召。"

　　儿子据理力争："我们这样做，又没有违反政策。"谷文昌说："是没有违反政策，可我是领导干部，我要是带头向组织开口，给自己孩子安排工作，以后怎么做别人的工作呢？"

　　儿子又退了一步，请求父亲"打个招呼"，把自己就近安排在东山县当知青，这样，节假日或许还能回家照顾一下母亲。

　　谷文昌对此仍然坚决反对，说："在东山，人家都知道你是谷文昌的儿子，有人就会想办法照顾你，这样也会造成不好的影响，对一般的群众子女也是不公平的，你自己也得不到应有的锻炼。"

最后,组织上像对待所有下乡的年轻人一样,把谷豫东安排到了南靖县偏远的朱坑知青点落户。

谷文昌知道儿子心里有委屈,也没有再多说什么。到了儿子要离开家的前一天,谷文昌破例早早回到家,默默地帮儿子整理行李,忙活到了半夜。第二天清晨送儿子出门时,他还特意取出前些天拍的一张全家福照片,默默地放进儿子的行李。这一刻,儿子理解了父亲,他并不是一个不在乎亲情的人。

许多年后,谷文昌的故事在全国传开了,有人问谷豫东:"你父亲对你们几个兄弟姐妹要求这么严格,难道他不关心你们吗?"

谷豫东如实回答说:"我父亲不是不关心自己的亲人,而是在他心中还有比亲情更重要的东西,那就是党性原则。"是的,在谷文昌心中,亲情与党性,当然是后者的分量更重。

言传身教的优良家风，就像春雨润物细密无声。谷文昌担任福建省林业厅副厅长多年，家里却几乎看不见一件木制家具，桌椅、板凳、柜子等，大都是南方常见的、最普通的藤制品。对此，谷文昌也有自己的说法，他告诉孩子们："国家的林木资源十分宝贵，能不用实木家具，最好不用。"谷文昌的子女们结婚成家的年代，还流行自己请人打家具，二女儿谷哲芬结婚时，曾想通过父亲批条子买些木材做家具，但被父亲严词拒绝了。父亲对她说："我分管林业，写张条子批点木材，这有何难？但是，如果我做了一张桌子，别人就有理由做几十张、几百张桌子。我犯了小错误，下面就会犯大错误。当领导干部的，要先把自己的手洗净，把自己的腰杆挺直！这点道理你难道也不懂吗？"

　　父亲的这番话，谷哲芬牢牢记在心里。她成家

后,也坚持使用藤制家具,有的家具破了洞,藤条磨损了,实在不能用了,才换新的。谷哲芬还把父亲跟她讲过的话,原原本本地讲给自己两个孩子听,嘱咐孩子们记住外公创下的好家风,一代代地传下去。

## 珍贵的"传家宝"

谷文昌去世 40 年了,但谷家"清白持家、简朴本分、为民奉献"的家风,一直被东山当地的干部群众传为美谈。

谷文昌的老伴儿史英萍在丈夫去世后,也一直过着十分俭朴的生活。她平时省吃俭用,不肯在自己身上多花一分钱,却年年都把自己节省下来的工

资拿出来,先后资助了 18 个贫困家庭的孩子念书。

子女们也曾劝过母亲:退休工资本来也不多,再怎么也得把自己的饮食安排得有营养一点儿呀。母亲却笑着对孩子们说:"一日三餐,粗茶淡饭,不也生活得好好的吗?若是你爸爸还活着,他一定也会支持我这么做的。"

为了多节省一点儿钱,史英萍老人后来把订的牛奶都退了。有时候,被资助的孩子们临时需要费用,她的资助金不够了,不得已只好开口让子女们"赞助"她一些。她说:"哪怕我们自己苦一点儿,也不能苦了那些上学的学生娃呀!"

为了帮母亲完成这些心愿,子女们都会从各自不多的工资收入里"挤"出一些钱来交给她。这样,许多年来,史英萍老人对贫困学生的资助从没中断过。所以也就有了那些被收藏在纪念馆里的、曾经得

到过资助的学生们感恩"史奶奶"的书信。

在东山县，多年来，清明时已经形成了一种"先祭谷公，再祭祖宗"的风俗。"谷公"就是当地百姓对谷文昌的尊称。由此可见，谷文昌在当地留下了多么好的名声。

东山县的一位领导曾对记者说道："这么多年来，谷文昌的家人从来没有找过县委、县政府帮忙办事，县里多次邀请他们全家回东山走走看看，他们都婉拒了，而他们每年清明节来给谷文昌扫墓，都是悄悄地来、悄悄地走，从来不惊动地方，更不曾让地方上提供什么方便。"

谷文昌和夫人史英萍立下的清正家风，正在被儿孙们一代一代传承下去。谷文昌家的好家风，不仅是谷家珍贵的"传家宝"，也是所有共产党人牢记初心、不忘本色的无价珍宝。

# 把泪焦桐成雨
## ——焦裕禄的家风故事

## 一天不改变兰考，一天不离开这里

　　焦裕禄是随着新中国诞生而成长起来的党的好干部，被后人誉为"县委书记的好榜样"。

　　1922 年 8 月 16 日，焦裕禄出生在山东省博山县（今淄博市博山区）北崮山村。抗日战争胜利后，他在家乡当上了民兵，还参加过解放博山县城的战斗。1946 年 1 月，焦裕禄在本村加入了中国共产党。伴随着新中国的诞生，他成长为一名优秀的青年干部。

1962 年的冬天比以往任何冬天都要寒冷。这时，焦裕禄受党的委派，来到河南省兰考县担任县委书记。当时全国刚度过三年困难时期，加上兰考县的风沙、内涝、盐碱等自然灾害非常严重，全县农业产量很低，人民群众生活得十分艰苦。焦裕禄怀着要改变这个县贫穷面貌的雄心壮志，来到了兰考。

　　走进兰考大地，映入焦裕禄眼帘的，是一幅多么触目惊心的景象啊！横贯全县的黄河故道上，是一眼望不到边的漫漫黄沙。一片片内涝的洼窝里结着冰凌，白花花的盐碱地上，只有一些枯草在寒风中抖动。

　　这一年，春天的大风沙摧毁了 20 万亩麦子；无休止的秋雨又淹坏了 30 万亩好不容易长起来的秋庄稼；盐碱地上也有 10 万亩禾苗因碱枯死，颗粒无收……

寒冷的冬天来了,雪飘在兰考大地上,寒风冻结了乡亲们对生活的信心,他们都发出了绝望的叹息:往后的日子可怎么过呀?

一个风雪交加的夜晚,焦裕禄召集在家的县委委员开会,等人员到齐后,他没有宣布讨论事项,而是带着大家来到了兰考火车站。

一群群衣衫褴褛的人,正拥挤在雪花飞舞的车站,这是一些准备离开家乡去逃荒的乡亲。焦裕禄指着他们,心情沉重地对干部们说:"这都是我们的阶级兄弟呀!是灾荒逼迫他们背井离乡的,这不能责怪他们,是我们的工作没有做好,我们应该对人民负责!党把这个县 36 万群众交给了我们,我们不能领导他们战胜灾荒,难道不感到羞耻和痛心吗?"

焦裕禄讲着讲着,就再也讲不下去了。几位县委领导羞愧得低下了头,同时也明白了,为什么在这个

风雪之夜，焦书记要带着他们到车站来看一看了。

回到会议室里，焦裕禄给大家鼓劲说："党把我派到最困难的地方，越是困难的地方，越能锻炼人。请同志们放心，要是一天不改变兰考的面貌，我焦裕禄就一天也不会离开这里。"

他通过走访和调查，真切地感受到，兰考的乡亲们都有改变家乡面貌的强烈意愿，这种愿望就像大地上的干柴一样，只要迸出一个火星，就可以燃起熊熊烈火！

从此，他带领着全县的干部和群众，与贫穷、与苦难、与风沙、与盐碱开始了艰苦的较量。

## 把乡亲们的冷暖放在心上

焦裕禄时刻把人民的冷暖放在心上，没日没夜地奔走在兰考每个需要他的地方。

一个冬天的黄昏，北风越刮越紧，雪越下越大。焦裕禄布置完工作，还不肯回家休息。他倚在门边望着越来越大的风雪，转过身对同志们说道："在这大风雪里，群众住得咋样？牲口咋样……"

说着，他就要求县委办公室立即通知各个公社，迅速做好防护工作。他说："第一，所有农村干部必须深入到户，访贫问苦，安置无屋居住的人，发现断炊户，要立即解决他们的吃饭问题；第二，所有从事

农村工作的同志，必须深入牛屋检查，照顾老弱病畜，保证不冻坏一头牲口；第三，安排好室内副业生产；第四，对于参加运输的人、畜，凡是被风雪隔在途中的，在哪个大队的范围内，由哪个大队负责招待，保证吃得饱、住得暖；第五，号召所有党员，在大雪封门的时候，到群众中去，和他们同甘共苦……"

这天晚上，外面的大风刮了一整夜，雪下了一整夜，焦裕禄办公室里的灯也亮了一整夜。第二天，窗户纸刚刚透亮，他就挨门把全院的同志叫起来，说："同志们，你们看，这场雪越下越大，这会给群众带来很多困难，在这大雪拥门的时候，我们不能坐在办公室里烤火，应该到群众中间去，共产党员应该在群众最困难的时候，出现在群众的面前，在群众最需要帮助的时候，去关心群众，帮助群众。"

听了焦书记的话，有人眼睛湿润了，有人有多少

话想说也说不出来。大家立即带着救济粮款,分头出发了。

在许楼村,焦裕禄走进一个低矮的柴门。这里住的是一对无儿无女的老夫妻。老大爷有病躺在床上,老大娘双目失明。焦裕禄一进屋,就坐在老夫妻的床头问寒问暖。

老大爷问:"你是谁呀?大雪天的,怎么跑到这里来了?"

焦裕禄握着老大爷的手说:"大爷,我是您的儿子。"

老大爷问:"大雪天的,可别把你冻坏了呀!你来我们这个穷家干什么呀?"

焦裕禄说:"是毛主席叫我来看望您老人家。"

老大娘感动得不知说什么才好,用颤抖的双手上上下下抚摸着焦裕禄。老大爷眼里噙着泪说:"解

放前,大雪封门时,只有财主来逼租,撵得我蹿人家的房檐,住人家的牛屋。"

焦裕禄安慰两位老人说:"如今好啦！咱们老百姓当家做主啦!共产党、毛主席不会再让我们受穷受苦了!咱们兰考县受灾受穷的面貌,也一定能够改变的。"

这一天,焦裕禄没烤乡亲们一把火,没喝乡亲们一口热水,在大风雪中奔走了九个村子,走访了十几户生活困难的老贫农,把共产党和人民政府的关怀与安慰,送到了他们的炕头上。

## 为党的工作鞠躬尽瘁

因为日夜不停的操劳，再加上生活的艰苦，焦裕禄得了严重的肝病，身体越来越虚弱了。但是他咬紧牙关，一声不吭，用坚强的毅力支撑着自己的身体，全身心地投入繁重的工作中。

有时候肝部疼得他脸上直冒虚汗，实在受不了了，他就用一根棍子顶着肝部，把棍子的另一头顶在藤椅右边，时间长了，竟把那把旧藤椅的右边顶出了一个大窟窿。

1964 年春天，医生为他开出了最后的诊断书，上面写道："肝癌后期，皮下扩散……"当时，死神留

给他的生命只有 20 天左右的时间了。送他来医院看病的一位同志恳切地对医生说："医生，请求你一定把焦书记的病治好，俺兰考人民需要他，离不开他呀！"

护士噙着眼泪给焦裕禄注射止疼针，焦裕禄已经隐约感到自己的病无法治疗了，便摇摇手说："我不需要了，省下来留给别的病人吧！"

县里的同志和兰考的群众到医院来看他，他首先询问的还是县里的工作和生产情况："张庄的沙丘封住了没有？赵垛楼的庄稼淹了没有？秦寨盐碱地上的麦子长得咋样？还有，老韩陵的泡桐树栽了多少……"

他嘱咐同志们："你们再来时，把秦寨盐碱地上的麦穗拿一把来，让我看看……"

临终前，他的大女儿到医院里来看他，他吃力地

说道："小梅，你参加革命工作了，爸爸没有什么送给你的，家里的那套《毛泽东选集》，就作为送你的礼物吧。那里面，毛主席会告诉你怎么做人，怎么工作，怎么生活……"

弥留之际，他用尽全身力气，对来看望他的领导同志断断续续地说道："我……没有完成……党交给我的……任务，没有实现兰考人民的梦想……心里很难过……我死了，不要多花钱……省下钱支援灾区……我只有一个要求……我死后，请组织上把我运回兰考，埋在沙丘上……活着我没有治好沙丘，死了……也要看着兰考人民把沙丘治好……"

1964 年 5 月 14 日，焦裕禄的心脏停止了跳动，年仅 42 岁。他入土下葬那天，四面八方的乡亲都赶来看他最后一眼。将要入土的时候，人们喊了起来："不要埋焦书记！不要……"直到后面所有人都见到

了焦书记最后一面,乡亲们才放声大哭着,悲伤地扬起了一锨锨黄土……


**一张戏票**


2014 年 3 月 18 日,习近平总书记到兰考视察和调研工作时讲道:"焦裕禄同志生活简朴、勤俭办事,总是吃苦在前、享受在后。他的衣、帽、鞋、袜都是拆洗多次,补了又补、缝了又缝。他严守党纪党规,从不利用手中权力为自己和亲属谋取好处。"①

习总书记还特意讲了一件小事做例子:有一次,

---

①习近平.做焦裕禄式的县委书记[M].北京:中央文献出版社,2015:41.

焦裕禄无意间听到儿子因认识检票员所以看戏未买票，便教育儿子不能搞特殊"看白戏"，并立即拿出钱叫儿子到戏院补票。习总书记说："这样的严于律己、洁身自好，生动体现了他对从严治党的自觉。"①

这件小事发生在焦裕禄刚到兰考工作不久的时候。

有一天晚上，焦裕禄的长子焦国庆回家比较晚。父母询问后才知道，原来焦国庆是到礼堂看戏去了。焦裕禄问是谁给买的票，焦国庆回答说，检票员得知他是县委书记的儿了，就没有要票，直接让他进去了。

焦裕禄听后非常生气，严肃地教育儿子说："你小小年纪，可不能养成占便宜的习惯呀！你应该懂

①习近平.做焦裕禄式的县委书记[M].北京：中央文献出版社,2015：41.

得,'看白戏'是一种剥削行为,是剥削别人的劳动果实。"

第二天,焦裕禄领着焦国庆来到礼堂办公室,硬是补上了两毛钱的戏票钱,还让儿子向检票员做了检查。然后,他又严肃地对工作人员说道:"我的孩子没管好,以后这样的事,在我这儿不会发生了。你那前三排的票,都应该卖出去,谁看戏谁掏钱,就说是我焦裕禄说了,谁也没有资格'看白戏'。"

## 书记的女儿不能高人一等

焦裕禄的大女儿名叫焦守凤,初中毕业后没能考上高中。

当时，兰考县的几家机关单位想为她安排一个力所能及的工作。焦守凤想着自己也能像父亲一样干革命工作，为人民服务了，心里可高兴啦！可是，她拿着招工表征求父亲的意见时，却立刻被父亲泼了冷水。焦裕禄语重心长地对她说："孩子，你刚出校门就进机关的门，缺了一堂劳动课，这是不行的呀！"

最终，焦裕禄没有同意女儿进机关工作，而是安排她进了兰考的食品加工厂当临时工。

去食品加工厂报到那天，焦裕禄亲自领着女儿来到厂里，叮嘱厂长，千万不能因为他是县委书记，就让他女儿坐办公室，干比较安逸的工作，那样一来，他这个当县委书记的，怎么有脸面去面对全县的人民？

食品加工厂只好把焦守凤安排在最艰苦的岗位

上,干着最繁重的体力活儿。秋天腌咸菜时,经常要切上千斤的萝卜,更辛苦的是切辣椒,一天下来手都会烧出泡,焦守凤晚上疼得睡不着,只能把手浸在冷水里冰着。为此,女儿一开始对父亲很有意见,认为父亲待她不公平。

有一天,焦裕禄亲自带着女儿挑着担子、走街串巷卖酱油,教女儿怎么挑担子不磨肩,怎么吆喝才能把酱油咸菜尽快卖出去。他说:"你知道吗？爸爸小时候卖过油,你爷爷曾经开过一个油坊,我从小就会挑着油走街串巷(叫卖)。"

这件事对焦守凤的触动很大, 也让她真正理解了父亲对她的叮嘱:"书记的女儿不能高人一等,只能带头吃苦,不能有任何特殊。"

后来,经过在食品加工厂多年的磨炼,焦守凤对生活的态度、对人生的认识都变得更加清晰,也更加

知足和乐观了。单位曾经两次要给她分房子,她都态度鲜明地推辞了, 她说:"晚上回来能有张床睡觉,那就是好的,我不要求多好的条件。"

焦守凤成家后,有一年,自己的女儿待业在家,希望她这个当妈的托托关系,给她找个工作。焦守凤像父亲当年一样, 对女儿说道:"老子是老子,你是你,各人的路各人走。你外公要是还活着,也会这样对你说的。"

焦裕禄的夫人徐俊雅, 后来这样回忆焦裕禄与孩子们在一起时以苦为乐的亲情时光:"老焦非常爱孩子,孩子们也爱他,一见他回家,总是扑过去,一个个往他身上爬。他就背上驮一个,怀里抱一个,胳膊上挎一个,高高兴兴进屋来,他给他们唱革命歌曲,讲革命故事。"

焦裕禄一生中穿的最好的一件衣服, 是夫人徐

俊雅用他的稿费买回来的。焦裕禄临终时嘱咐徐俊雅:"我死后,你会很难,但日子再苦再难也不要伸手向组织上要补助、要救济。你要把孩子们教育成为红色的革命接班人。"

焦裕禄去世后,夫人徐俊雅恪守丈夫的遗言,严格传承和践行着焦家的清正家风。她经常告诫孩子们:"'焦裕禄的家人'这个名号,我们全家都要当得起,你们每一个人都要当得起! 不然,你爸在地下有知,心里难安哪!"

习总书记多次向全国的共产党员讲述焦裕禄的故事,还专门填过一首词,赞颂焦裕禄的崇高品德,其中有这样两句:"百姓谁不爱好官? 把泪焦桐成雨。"[1]词句里寄托着总书记对这位党的好干部的敬意与缅怀。

---

[1]习近平.念奴娇·追思焦裕禄[N].福州晚报,1990-07-16(1).

# "王铁人"的"铁"家规
## ——王进喜的家风故事

## "铁人"是怎样炼成的

"宁肯少活二十年,拼命也要拿下大油田!"这是
"铁人"王进喜的一句"名言",也是他用一生践行的
"初心"。为了祖国的石油生产,这个铁打的汉子真
的是"太拼"了。1970 年他因病去世时,年仅 47 岁。

王进喜留在新中国几代人记忆里的,是这样一
幅画面:在发生了井喷的池子里,因为缺少足够的搅
拌设备,他和石油工人们奋不顾身地跳了进去,用肉

身当起了"搅拌机"……"铁人"的形象和"铁人"精神，正是从这样的行动细节里演化而来的。

1923年，王进喜出生在甘肃省玉门县（今玉门市），15岁就在玉门油矿做苦工。玉门解放后，27岁的王进喜成为新中国第一代钻井工人，1956年，他光荣加入了中国共产党。1959年9月，新中国诞生10周年时，王进喜作为劳模，到北京参加了著名的"群英会"。

有一天，在参观首都"十大建筑"，路过沙滩（位于景山公园东侧）的时候，王进喜看到，每一辆行驶的公共汽车顶上都"背"着一个大"煤气包"。原来，当时国家底子比较薄，再加上西方国家的经济封锁，我们国家的石油十分短缺，公共汽车只能以煤气作为动力，不仅不方便，还有一定的安全隐患。

这一幕深深刺痛了王进喜的心。他想：我是新中

国的石油工人,是共产党员,又是钻井队长,却眼睁睁地看着国家没有石油烧,我竟然还好意思去问别人,汽车顶上"背"的是什么!

当时,外国人给中国下了一个结论:"中国是个贫油国!"但是王进喜并不服气。他说:"我偏不信,石油只埋在他们地下,不埋在我们地下。"

就在这次"群英会"期间,他听说,李四光等地质学家经过反复勘探,在东北的大庆又发现了一个新油田。王进喜高兴得跳了起来,立即找到石油部的领导,请求让他带着钻井队,去大庆开发新油田。

他还向领导们保证说:"帝国主义睁着眼睛瞎说我们国家贫油,我们石油工人更应该拿下个大油田给他们瞧瞧!甩掉这个"贫油"的帽子,为全国人民争口气!"

1960 年 3 月,王进喜如愿以偿,带领 1205 钻井

队日夜兼程,从玉门奔赴大庆,参加了这场"石油大会战"。

一到萨尔图站(今大庆站),王进喜下了火车,一不问吃,二不问住,找到调度室就问:"我们的钻机到了没有?我们的井位在哪里?这里的钻井年进尺最高纪录是多少?"

这是在三年困难时期,在条件恶劣的地方展开的一场大会战,石油工人们的工作和生活条件可想而知。王进喜带着全队工人和他们的家属,几乎是靠着"人拉肩扛"来搬运和安装钻机,凭着"盆端桶提"来运水保证开钻……

"有条件要上,没有条件创造条件也要上!""只能上,不能等;只准干,不准拖!"王进喜是这样说的,也是这样做的。他带着队员们连续苦干了三天三夜,带来的行李放在房东家里,一次都没打开过。用

他自己的话说，"恨不得一拳头砸出一口井来"。

1960年4月14日，金色的朝霞照耀着高高的井架，年轻的王进喜穿着那件沾满油污的老羊皮袄子，骄傲地登上钻台，握住刹把一用力，大庆的第一口油井开钻了！

打出这第一口井，王进喜他们只用了6天时间，石油质量也达到了全优。紧接着，隆隆的钻机又向着第二口井掘进。

不料，打第二口井时，出现了"井喷"迹象。井喷是一种危险的现象，如果不尽快制止，几十米高的井架甚至钻机都有可能陷到地底下。

制止井喷的最好办法就是使用重晶石粉"压井"。可是在当时，等重晶石粉运过来，肯定来不及了，于是有人提出用水泥掺土代替重晶石粉来压制井喷。关键时刻，王进喜当机立断，决定采用这种方

法。

但是，水泥倒进浆池里，需要不停地搅拌，否则就起不到作用。这时候，缺乏搅拌机又成了问题。火烧眉毛的时刻，只见因为腿部受伤而不得不拄着拐杖的王进喜，毫不犹豫地把拐杖一甩，大叫一声："跳！"

他率先跳进了齐胸深的泥浆池，奋力地用身体和双臂搅动着水泥，当起了"肉身搅拌机"。紧接着，又有几个工人跟着他跳进了池子里……他们足足奋战了三个多小时，井喷终于被制止了。王进喜被人拖上来的时候，手臂上、腿上全被烧起了大水泡。

房东大娘看王进喜整天领着工人，不分白天黑夜地苦干，有时饭都凉了也不回来吃，就心疼地对人说："王队长可真是个'铁人'哪！"

从此，"铁人王进喜"这个称呼就在大庆油田慢

慢叫开了。

## 公家的东西一分也不能沾

王进喜是从旧中国走过来的石油工人，深知艰苦朴素、勤俭持家的道理。在油田里，他的省吃俭用是出了名的。一套公家发的工作服，常年穿在他身上，破了就补一补，一直补到补丁摞补丁，看上去就像一件"百衲衣"。我们可以从新闻纪录片里看到，1964年12月，王进喜来到北京参加第三次全国人民代表大会，受邀参加毛泽东主席的生日宴时，身上穿的也是这样一套打着补丁的衣服。

当了钻井指挥部生产队大队长后，王进喜手上

有了一些"权力"，找他办事的人也渐渐多了起来。这时候，王进喜清醒地觉察到，自己稍有不慎，就会公私不分，甚至让公家的利益受损。

于是，他和母亲商量了一下，当着全家人的面，郑重地宣布了一条家规："公家的东西一分也不能沾。有谁送东西，一样也不能收。"

这是一条"铁"的家规，王进喜自己和家人一直严格遵守着，一点儿也不含糊。组织上给王进喜配了一辆"跑井"用的吉普车，但王进喜从没有因为私事用过车子。老母亲生病了，他让大儿子王月平用自行车推着奶奶去卫生所看病，而吉普车就停在离他们家几米远的地方。这辆吉普车，他用来为井队拉粮、送工人病号入院、送工人回家……唯独没让自己家人用过一次。

有一次，油田的后勤部门趁着王进喜外出开会

不在家时,把一袋白面送到了他家里。王进喜回来知道后,就把妻子王兰英严肃地数落了一顿,让她马上把白面送了回去,并且再次叮嘱全家人:谁送东西也不准收!

王进喜说过,他这一辈子,就是想干好一件事情——快快地发展我国的石油工业。为了实现这个梦想,为了甩掉我国石油工业落后的帽子,王进喜和他的工人兄弟们在极其艰苦的条件下,苦苦奋斗了几十年。不料,正当壮年的时候,王进喜却积劳成疾,患上了胃癌,发现时已是晚期。

为了解决王进喜因患病造成的家庭困难,组织上给过他一些补助。王进喜一笔一笔地,把每一次补助都详细记在一个小本子上,保存在枕头下。

在他生病后,有一次他清醒的时候,用颤抖的手从枕头下取出一个小纸包,递给了来看望他的一位

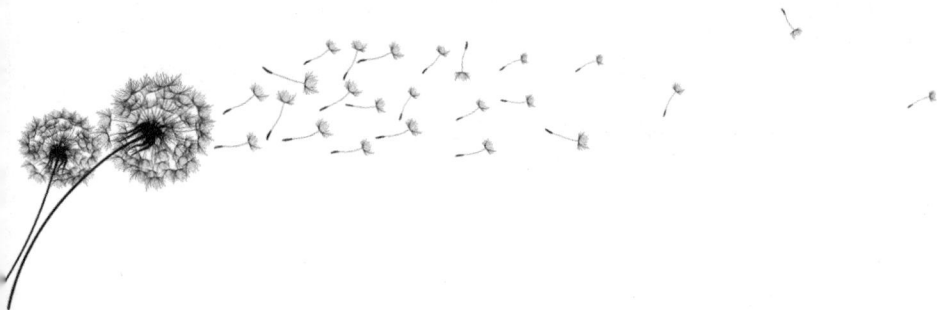

领导。纸包里包着的是他住院后，各级组织补助给他的 500 元钱。他把这些舍不得花的钱，都交还给了党组织，自己分文未用。


## 艰苦奋斗的好家风


1965 年，王进喜担任了钻井指挥部的副指挥。有的工人竖着大拇指对他说："王师傅，你现在是国家干部啦，应该穿着四个兜的干部服嘛，怎么每天还穿着钻井工的工装啊？"王进喜憨厚地笑笑说："我永远是个钻井工，当了干部也得跑井，老习惯改不了喽！"

王进喜说的没错。他一生都保持着艰苦奋斗、每

天"跑井"的习惯。他最喜欢到现场去解决生产、技术和后勤服务等问题,职工的住房、用水、交通、孩子入学、伤病医疗,无论大事小情他都要亲自过问。工人们说:"'王铁人'本来就是个热心人,自从当了干部,更是为群众的事操碎了心!"

有一阵子,为了方便油田的孩子们就近入学,这个握惯了钻井刹把的人,竟然亲自当起"校长",为娃娃们办起一座"苇棚小学"。"苇棚小学",顾名思义,就是用芦苇席搭起来的简陋建筑。这所学校现在已经成为大庆油田著名的"铁人小学"。

王进喜说过这样一段话:"我从小放牛。牛吃草,马吃料。牛的享受最少,出力最大。我愿意为人民当一辈子'老黄牛'。"

在党和国家给予他的各种荣誉面前,王进喜总是摇着双手说:"成绩完全属于党,我的小本子上只

能记上差距。"

1970 年 11 月 15 日，王进喜终因胃癌医治无效而英年早逝，年仅 47 岁。王进喜把自己的一生都献给了我国的石油事业。他没有为子女留下任何财产，但他身上所体现的"铁人"精神，是留给后人的一笔无比宝贵的精神财富。

这位"铁人"共有五个子女——两个儿子，三个女儿。受到父亲"铁人"精神和艰苦朴素家风的影响，几个孩子长大后都十分优秀，除了小女儿不幸病逝较早，王进喜的其他四个子女，长大后都为国家和社会做出了各自的贡献。

长子王月平，次子王月甫，哥儿俩从小跟着父亲生活在大庆油田的工地上。王月平长到 16 岁时，光荣地参军入伍，成了一名解放军战士。退役后，他又回到了父亲热爱的石油工业战线，当了一名石油工

人，踏着父亲的足迹继续奋斗。如今，王月平已经是大庆油田系统一名优秀的党员干部。王月甫也曾当过一段时间的钻井工人，后来在大庆油田做宣传工作。

王进喜的长女也是基层的石油工人，二女儿跟自己的大哥一样参军入伍，在部队里得到了锻炼，转业后当了一名医生。大庆油田的工人们称赞说，这几个孩子都"随"王铁人，把王铁人艰苦奋斗的好家风继承得妥妥的！

现在，王进喜留下的那一句句"豪言壮语"，连孙辈一代也耳熟能详且铭记在心：

"有条件要上，没有条件创造条件也要上！"

"宁肯少活二十年，拼命也要拿下大油田！"

"我这一辈子就是要为国家做一件事，就是早出油，多出油，为祖国抱一个'大金娃娃'！"

孩子们都明白，这是爷爷、外公身上伟大的"铁人"精神和艰苦奋斗好家风的形象写照。

　　王进喜是工人阶级的先锋战士，也是共产党人的伟大楷模，更是为国家排忧解难，为民族争光争气的英雄。凝聚在他身上的"铁人"精神，是中华民族自强不息、坚韧不拔的民族精神的体现。这种精神像一面旗帜，引领和激励着一代又一代勇往直前、奋斗不止的石油工人。

# 此生属于祖国
## ——黄旭华的家风故事

## 此生属于祖国，此生无怨无悔

黄旭华小时候总喜欢坐在岩石上，一个人对着蓝色的大海，看那些大船和小船扬着白帆驶向远方。他梦想着，将来有一天，自己能成为一名优秀的船长，胸前挂着望远镜，手上拿着海柳烟斗，站在高高的船头，指挥着大船行进……

有一天，他找来一些木板和旧渔网，制作了一艘小船，还在船底开了个洞，放进一些木炭。木炭点燃

了，小船像蒸汽船一样冒起了青烟……当然，这样的小船，是不可能开动的。

抗战时期，日本侵略者的飞机把他的小船和渔民们的渔船、房屋都炸毁了。爸爸给他擦去眼泪，安慰他说："孩子，不要怕！炸弹能炸碎小船和房屋，却永远炸不碎中国人的梦想……"

1945年，被战火驱赶着四处漂泊、辗转求学的黄旭华以第一名的成绩考进了交通大学造船系。站在海边，望着宽阔的出海口，他和同学们一起发誓：一定要为贫弱的祖国造出最坚固的大船！

在新中国诞生那一年，黄旭华从交通大学造船系毕业，也成了中共预备党员，被选派到中共上海市委党校学习。1952年秋，黄旭华被调往港务局担任团委书记。

1956年，两个相亲相爱的年轻人——黄旭华和

李世英，幸福地走到了一起。披着婚纱的新娘像女神一样美丽。这一年，黄旭华 32 岁。一年后，他们的女儿出生了。女儿小名叫"海燕"，在爸爸心目中，她就是大海的女儿。

可是，在小海燕出生后第二年，爸爸突然"失踪"了！谁也不知道爸爸去了哪里。也许，只有小海燕的妈妈知道爸爸去哪儿了。可是，妈妈说爸爸是"国家的人"，爸爸去哪儿了，是国家的秘密，这个秘密比爸爸的生命更重要！

1961 年冬天，黄旭华的父亲去世了。老父亲一生最牵挂的人就是儿子黄旭华。可是直到临终时，他也没有盼到儿子回来。年老的母亲也天天想念自己的儿子，想得眼睛快要失明了，可是，儿子依然没有回来……

直到有一天，已经长大的海燕和奶奶、叔叔婶婶

们，从报纸上看到了一个喜讯——新中国自行设计研制的第一代核潜艇在美丽的南海下水，进行了深潜试验。联想到不久之前，一家人从一篇报告文学中，看到了一位核潜艇总设计师的"蛛丝马迹"……全家人这时候才明白，黄旭华为什么"失踪"了30年！

原来，黄旭华是和许多科学家、设计专家、将军、工程师一起，去了一个秘密的地方，为我们的国家设计和研制核潜艇这个"大国重器"。

制造核潜艇，可不像黄旭华小时候用木板和旧渔网"制造"小船那么容易。当时，中国科学家拥有的核潜艇研制资料实在是太少了，黄旭华只好把外国人制作的一个核潜艇玩具模型拆了装、装了拆，反复琢磨、验证自己的设计是不是合理。

他先是设计出了一艘只有25米长，但可以在海里航行的潜艇模型。后来，他又设计了一艘与真潜艇

一样大小的木制潜艇模型，在海上进行了各种试验……经过无数次试验，中国的第一艘核潜艇最终采用了世界上最先进的水滴形艇身。

研制核潜艇是一项神圣的、绝密的"国家使命"。所有参与的人都隐姓埋名，从家人身边"失踪"了。他们有一个共同的代号——09工程。黄旭华，就是09工程的总设计师。

核潜艇的深潜试验非常危险。1963年，美国核潜艇"长尾鲨号"就曾在深潜试验时不幸失事，120多人葬身海底。为了打消人们的顾虑，在中国核潜艇进行首次深潜试验时，黄旭华做出了一个惊人的决定：他要和自己设计的核潜艇一起潜入海底，去完成极限试验。

就这样，黄旭华作为中国核潜艇工程的总设计师，中国第一艘攻击型核潜艇、第一艘战略导弹核潜

艇的设计师，也成了世界上第一位陪伴自己研制的核潜艇去完成极限深潜试验的科学家。

2019年9月29日，在新中国诞生70周年前夕，黄旭华荣获了共和国勋章。这是共和国对这位隐"功"埋名30年的新中国第一代攻击型核潜艇和战略导弹核潜艇总设计师的感谢和致敬。

"从一开始参与研制核潜艇，我就知道这将是一辈子的事业！"获得共和国勋章之后，黄旭华对来访的记者说，"千千万万名和我一样满腔热血、矢志报国的科研人员投身到核潜艇事业中。我有幸全程参与了中国核潜艇从无到有、从弱到强的伟大事业，'誓干惊天动地事，甘做隐姓埋名人'。核潜艇事业是国防事业发展的缩影，我国实现了从站起来、富起来到强起来的飞跃，这个飞跃是非常感人的。我和无数军工战线上的人一样，为祖国取得的历史性成就、

实现的历史性变革而骄傲，也为自己是一名国防建设的老兵而自豪。我和我的同事们，此生属于祖国，此生无怨无悔。"

## 清正的家风

黄旭华的祖籍是广东省揭阳县（即今天的揭阳市揭东区），黄家祖屋还有个正式的堂名，叫"崇德堂"。从黄旭华的祖父这一代起，黄家就是一个悬壶济世的"杏林之家"。因为"家风传承"，黄旭华小时候最早的梦想，就是长大后当一名医师，治病救人。

黄旭华的父亲名叫黄树榖(gǔ)，继承黄家从医行善的家风，成了一名医师。当地还有一位很有名望

的姓曾的医师，平日里悬壶济世，并且把自己的女儿也培养成了医师。曾家的女儿名叫曾慎其，后来嫁给了黄树毂。

1920年，这对年轻的夫妇在海丰县捷胜区（今属汕尾市城区）开办了自己的诊所，名为"黄育黎医务所"。"育黎"是黄树毂的号。第二年，勤奋而敬业的夫妇俩，又把诊所迁到了田墘（qián）镇（今属汕尾市红海湾区）。除了小小的诊所，他们还增开了一间"育黎药房"。

黄树毂夫妇共生育了9个子女。除了黄旭华的大哥黄绍忠在捷胜区出生之外，从老二黄绍振开始，后面的6个儿子、2个女儿，都是在田墘镇上出生的。黄树毂夫妇相依相伴，白头偕老，一辈子厮守在这个南方小镇上，成了小镇漫长的记忆和一代代口口相传的故事的一部分。今天，生活在这个小镇上的

人们，讲起黄旭华的父母行医济世的仁义故事来，依然如数家珍。

在黄树穀夫妇迁到田墘镇不久，有一年，小镇和周边地区发生了霍乱。霍乱是一种可怕的瘟疫，当时，地方政府的管理部门对此也束手无策，小镇上人人谈"霍"色变，惶惶不可终日。黄树穀凭着悬壶济世、治病救人的职业操守，拿出了平日里勤俭持家攒下的一点儿积蓄，从香港买回了一些预防和治疗霍乱的药品，免费给小镇上的人们注射和服用。所幸，他的这批药品阻止了霍乱在小镇上的肆虐，保全了小镇上老老少少的性命。

日本侵略者的铁蹄踏进海丰县（田墘镇当时属于海丰县）的时候，有一次，当地的汉奸给日本人出了一个坏主意：黄树穀医生是田墘镇上有名望的人物，应该让他出来担任镇上"维持会长"之类的职

务，帮日本人做事。黄树穀是一位堂堂正正的中国人，身上流的是爱国的热血，秉持的是清清白白、刚毅正直的家风。面对日本人的利诱，他没有丝毫犹豫，一口回绝。结果，他的举动惹怒了日寇的一个小军官。日本鬼子把指挥刀架在黄树穀的脖子上，还以他全家人的性命相胁迫，妄图让他就范。

这时候，大义凛然的黄树穀严词正告说："你们就是杀了我，我也决不会当什么'维持会长'的！"

几个幼小的孩子被吓得不敢哭出声来，只能瑟缩在墙角，用愤怒的目光看着父亲被日本鬼子踢倒在地上，遭受凌辱。

正在僵持不下的时候，黄旭华的母亲急中生智，上楼拿了一沓钱，塞给了带路的汉奸和那个日寇小军官。日寇小军官见黄树穀软硬不吃，和汉奸嘀咕了一阵，终于打消了让黄树穀当"维持会长"的念头，

收起了指挥刀,骂骂咧咧地离开了。

田墘镇上有一座有名的老房子,是田墘学堂的校舍。因为房子外墙仿照海丰县的"红宫"被漆成了红色,所以人们称它为"红楼"。这栋建筑是由镇上一位开明士绅,曾经参加过孙中山领导的同盟会的游克桢先生倡议建造的。1927 年,海陆丰苏维埃政府建立后,田墘区(包括田墘镇及其周边部分地区)的苏维埃政府曾设在"红楼"。因此,这栋老房子也铭刻着田墘镇的"红色记忆",是一座真正的"红色建筑"。

1941 年,田墘镇有一支秘密的抗日队伍,叫"抗日合作军",这支队伍的领导者经常聚集在"红楼"开会。

9 月 21 日这天清晨,因为汉奸告密,一股日寇悄悄包围并突袭了"红楼"里的抗日官兵。这就是抗

战时期一度震惊海丰地区的"红楼事件",也称"红楼惨案"。

"红楼惨案"发生后,黄树毂和镇上的几位爱国士绅、乡贤一道,不顾个人的安危,与日寇斗智斗勇,想方设法从敌人的眼皮子底下秘密抢救并转移了20多名伤员。然后,黄树毂又和乡亲们一起,收殓了那些死难烈士的遗体,含泪安葬了他们。

黄树毂和蔡一阳、陈鑫祥等乡贤的这次义举,是海丰县抗战记忆中一个家喻户晓的故事。今天,在汕尾市红海湾抗日英烈陵园里的一座纪念碑上,还镶嵌着黄树毂等人的照片。他们的义举,也成为镌刻在海丰县红色记忆里被当地人永志不忘的一幕。

父母的爱国义举,父亲作为一个正直的中国人的高尚节操,还有体现在父母身上的清白家风,从黄旭华兄妹很小的时候开始,就像细雨润物一样,默默

影响着他们的成长。

## 母亲的医德

在今天的田墘镇上，人们在传颂黄旭华的父亲黄树穀的义举时，同样也不会忘记黄旭华母亲曾慎其的医德和恩情。

黄旭华和哥哥、弟弟、妹妹们都还记得，小时候，无论是刮风还是下雨，也不管是深夜还是黎明，只要一听见急促的敲门声，母亲就会麻利地抓起准备齐全的助产用品包，飞也似的奔出家门……在黄旭华母亲的眼里，每一个呱呱坠地的小生命，都是上天送给人间的宝贝；每一个懵懂无知的小婴儿，都应该得

到全心全意的迎接和万无一失的呵护。

　　她也从来不会计较接生费的多少。知道有的人家里生活艰难、拮据，一时拿不出费用，她也毫不在意，只是笑着宽慰人家："母婴平安，比什么都好！等孩子长大了，叫我一声'义姆'，就当是补上接生费啦！"

　　"义姆"，也叫"义母"，就是干娘的意思。田墘镇上，很多新生的孩子长大后都满怀着感恩的心，把黄旭华的母亲称为"义姆"。

　　黄旭华母亲的身上，不仅闪耀着中国传统女性勤俭持家、贤淑善良的品性光辉，更有一种深明大义、济贫扶弱、巾帼不让须眉的豁达胸怀。

　　在抗战时期的那场"红楼事件"中，曾慎其和丈夫一起，同仇敌忾，以一种舍生取义的胆魄，全力支持并参与救治和转移抗日伤员的秘密工作。

田墘镇上原本只有一所初级小学，学校的办学经费也主要来自黄树毂、曾慎其夫妇的捐助。小镇上的日子变得稍微太平一些之后，1945 年 8 月，黄树毂就和夫人商量再拿出一点儿积蓄来，和镇子上的其他几位开明乡贤一起凑一笔钱，在镇上创办一所中学，供本镇和周边的少年学子们继续上学念书。

曾慎其当然也深知"少年强则国强""少年智则国智"的道理，二话没说就和丈夫一道尽了自己最大的力量，在田墘镇上捐资兴学。他们捐资兴办的这所学校叫白沙中学。黄树毂还亲自去了一趟香港，聘请了懂教育的林悠如先生来白沙中学担任首任校长。

曾慎其和丈夫行医行善，遇到孤苦贫弱的人家，总是解囊相助，尽力周济，在田墘镇及其周边地区留下了好口碑。

抗战期间，为了躲避日寇的侵扰，镇子上的人们

有好几次不得不离家逃难，用当地的方言说，就是"走日本仔"。黄旭华的父母带着一大家子也数次四处躲避。逃难路上，乡亲们听说这一大家子的女主人就是田墘镇上的那位好心的"义姆"曾医生，便纷纷跑过来嘘寒问暖，有的还赶紧腾出自家的房间，让这一家人暂住避难。

在漫长、艰辛甚至是颠沛流离的岁月里，黄树毅、曾慎其夫妇在尽力帮助他人的同时，也把自己的9个孩子抚养成人，并且想方设法让孩子们都接受了良好的教育，让他们成为对国家、对社会有贡献的人。

黄旭华的大哥黄绍忠，参加工作后改名黄誉，抗战期间进入著名的西南联合大学，抗战胜利后从清华大学毕业，新中国成立后成为一名汽车制造工程师。黄绍忠从青年时代起，就是一位追求光明和进步

的爱国青年,曾多次参加爱国学生运动,对少年黄旭华影响很大。

二哥黄绍振虽然没有进过大学的校门,但一直在帮助父母经营自家的药店,用默默的付出支持和帮助着黄旭华和其他几个弟弟妹妹完成了各自的学业。

黄旭华的弟弟妹妹有在医疗卫生战线工作的,也有参军入伍或在政府部门工作的,他们都勤勤恳恳、兢兢业业。

黄旭华和兄弟妹妹们谈起父母对他们的养育和教导,无不满怀感恩之情。"谁言寸草心,报得三春晖。"黄旭华一提到母亲,也总是忍不住泪水盈眶。

"如果说,从父亲身上,我感受到了大义担当的勇毅与胆魄,一种正直与清白的家风,那么,母亲教会我的就是坚忍与善良,是一种默默的、无私的奉

献。"黄旭华回忆说,"父亲和母亲的这些美德与品质,为我后来在研制核潜艇过程中能够做到百折不挠,能够隐忍、坚定和克服种种困难,奠定了坚实的心理基础。"

黄旭华的父母对9个子女的成长付出了默默的辛劳,也寄予美好的期许。黄旭华回忆说:"父母亲在给孩子们取名字时,都是经过深思熟虑的。'绍'是孩子们在家族里的辈分,而忠、振、强(黄旭华原名黄绍强)、富、荣、赞、美,分别代表着忠诚、振兴、强盛、富足、荣誉、礼赞、美好,每个儿子的名字里,都蕴含着父母亲的家国情怀,也寄寓着他们对孩子们的殷殷期望。而两个女儿的名字'秀春''秀阳',也表达了他们希望国家和百姓的日子能够风调雨顺,像秀美的春光、明媚的太阳一样煦暖和光明的愿望。"

黄旭华的母亲曾慎其去世时，已是 102 岁高龄。出殡那天，有许多她生前从来就不认得的"干儿子"纷纷赶来为这位"义姆"送行。送行的队伍里还有一位公社干部，也是她当年亲手迎接到世上的一个"干儿子"。

## 有国才有家

在黄旭华担负着共和国的秘密使命、"隐姓埋名"30 年的漫长岁月里，兄弟们有的觉得他"没有孝心""不近人情"，但是深明大义的老母亲得知黄旭华的工作后，常对家人说："旭华的选择是对的！有国才有家，国家强大了，才有我们家家户户的幸福平

安！你们一定要理解他。"

1961 年 12 月中旬的一天，黄旭华突然收到一封从广东老家拍来的电报：老父亲病危了，家人希望黄旭华能尽快赶回老家，看老父亲最后一眼。

黄旭华拿着电报，心如刀绞。他明白，从抗战时期他独自踏上在异乡颠沛流离的求学之路开始，父亲就一直在为他担忧，老父亲一生最牵挂、最疼爱的人，就是他这个三儿。

可是此时，黄旭华刚刚被任命为"09 研究室"副总工程师，许多工作都压在他的肩头，使他无法分身。而另一个让他无法回家的原因是：他的工作保密纪律十分严格，他无法对家人解释，一解释，就意味着泄密，这时候的他只要外出，就存在泄密风险。

12 月 14 日，当一封告知父亲已经去世的电报送到他手上时，黄旭华只能躲到一处没人的地方，含

着泪水，朝着南方老家的方向，默默地给父亲三鞠躬。

"父亲，您老人家一路走好……"他在心里默默地、痛苦地说道。

父亲一生最牵挂、最疼爱的就是三儿黄旭华，可是，直到父亲临终，也没有盼到黄旭华回来看上一眼。这件事，成了黄旭华一生的愧疚和心中永远的痛。在相当长的日子里，兄弟妹妹们因为不明真相，也对他的"不近人情"甚至是"薄情"，无法原谅和释怀。

倒是黄旭华的母亲，一直坚信自己的三儿绝不是什么不孝和薄情的孩子。母亲深明大义，不断用"自古忠孝不能两全"的说法来开导对黄旭华心生不满的兄弟妹妹们："你们要理解旭华，他在外面为国家工作，不能回家，一定是有什么难言的苦衷，你们

都不要埋怨他了……"

黄旭华无法做任何解释，只能把这一切都默默地背负在身上，埋藏在心里，继续负重前行。

1987年6月，上海的《文汇月刊》杂志在显著位置刊发了一篇报告文学《赫赫而无名的人生》。作品开篇就写道，这篇作品里的主人公，当然有个名字，但是如果作者不把他的名字隐去，他就不会接受采访。作品里还披露："他从事的工程，荣获国家颁发的科学（技术）进步特等奖。他本人有一（个）单项获国家科学大会奖，他还是船舶总公司的劳模。你注意到了没有？报纸发表（文章）时，其他劳模都有照片，唯独他没有。他的影像保密，可看而不可拍照，就像珍贵文物一样，挂有'请勿拍照'的牌子。"当作者完全隐去了他的名字和影像后，才开始讲述他的故事，讲述"我国已研制成功了尖端的战略导弹核潜艇"这

件石破天惊般的大事……

这大概是中国核潜艇研制的故事第一次以这么大的篇幅出现在世人面前。这篇报告文学，按照故事的主人公和有关部门的要求，做了适当的"脱密"处理。一般读者读来，当然无从知晓主人公姓甚名谁。

黄旭华把这期杂志寄给了在家乡的母亲。杂志上的字号较小，93岁的母亲戴着老花镜，一字一句地读完了全篇，然后又让身边的儿女和孙辈们读了一遍。因为文中出现了"海丰县"和"田墘镇"的地名，又出现了黄旭华的夫人李世英的名字，所以，母亲和孩子们一下子就明白了，故事里的"他"就是黄旭华。黄旭华从亲人们身边"失踪"了30年，原来一直在为国家干一件惊天动地的大事！

"旭华一直是有家也不能回，什么也不肯说，原来他有自己的苦衷啊！"母亲把这篇文章看了一遍又

一遍，流着眼泪，喃喃地对孩子们说，"你们都要理解旭华呀！他这样做是对的，是对的……"

黄旭华的大妹妹后来回忆说："那个夏天，母亲一而再、再而三地阅读这篇文章，每读一次都会泪流不止。母亲心疼三哥这些年来默默忍受的委屈。三哥只偶尔会写一封家书回家，但是信中他从来也不做任何解释。母亲在痛心之余也为三哥自豪。她把我们兄弟姐妹，还有孙儿辈的孩子召集过来，再三嘱咐说，三哥的事情（指的是父亲、二哥临终时，拍了电报给三哥，三哥也没有回来），大家要理解，要谅解。"当黄旭华听到妹妹的这番讲述时，禁不住泪流满面。

"知儿莫若母，母亲这句话传到我的耳朵里，我哭了。有人问我，'忠孝不能双全'，你是怎么样理解的？我说，对国家的'忠'，就是对父母最大的'孝'。

我相信,无论是我的父亲、我的母亲,还是我的兄长们,都是经历过'救亡图存'的家国之痛的,他们不仅能够理解,也会深深认同我的人生选择。"

2016 年,黄旭华应央视《开讲啦》节目邀请,做了一期题为《此生无悔》的演讲。在演讲中,他不仅深情回顾了在"隐姓埋名"的 30 年间,父母、兄弟妹妹们、妻子、女儿对他履行"国家使命"的默默支持,同时也袒露了他们这代科学家炽热的家国情怀。他说:"我非常爱我的夫人,爱我的女儿,爱我的父母。但是,我更爱国家、更爱事业、更爱核潜艇。在核潜艇这个(项)事业上,我可以牺牲一切!"

# 捡果核的老人

## ——杨善洲的家风故事

## 大亮山上的种树人

　　杨善洲老人,被孩子们亲切地称为"捡果核的爷爷"和"种树的爷爷"。他是云南省保山市施甸县人,12岁就开始拜师学艺当小石匠,长大后成了一名国家干部。

　　"好个大亮山,半年雨水半年霜,前面烤着栗炭火,后面积起马牙霜。"这是千百年来流传在大亮山的一首民谣,说明这里的气候条件一直比较恶劣,一

年里有大半时间处在严寒霜冻的状态，所以不少地方都是不毛之地。

1988年，杨善洲从云南省保山地委书记岗位上退休后，主动放弃了进省城安享晚年的机会，他卷起铺盖，扛起铁锹，回到了家乡大亮山，带领乡亲们开始了种树事业。

刚开始时，他用树枝搭起简单的窝棚作为临时住所，但窝棚不断遭受风吹雨打，很快就倒塌了。他没有气馁，而是带领乡亲们一边种树，一边建房，还拿出一直舍不得花的退休金，在山坡上搭建起了40间油毛毡房。山里风大，雨水多，空气潮湿，但老人带着大伙儿在油毛毡房里一住就是九年多，日子再苦再难，也没有把他绿化荒山的意志给消磨掉。

有一次他去赶圩买树种时，发现保山市的端阳花市上，不少逛花市的人一边游玩，一边会丢弃一些

果核。这些果核让手头拮据的老人如获至宝，从此他就经常趁着赶圩，去花市街上捡拾果核。自己捡不完，就发动乡亲们去帮着捡。

一颗颗小小的果核种下了。一年之后，埋下的果核变成了一株株幼嫩的树苗。又过了几年，矮矮的树苗渐渐长成了一棵棵枝繁叶茂的果树。在保山市，乡亲们都知道这位喜欢捡果核的老人。

## 前人栽树，后人乘凉

2009 年 4 月，杨善洲把自己一棵树一棵树种植起来的、价值高达 3 亿多元的大亮山林场的管理权，无偿移交给了政府。他说："这笔财富从一开始就是

国家和群众的，我只是代表他们在植树造林。现在实在干不动了，该物归原主了。"

一年后，老人最后一次登上了大亮山。这时他已经病得很厉害，每走几步就要停下来歇一歇。老人依依不舍地望着自己种下的绿树，很是欣慰，笑得很开心。他叮嘱林场的人："我以后恐怕再也来不了这里了，你们要记住，这里的一草一木都是父老乡亲们的，要让每个人都看到，绿水青山就是'金山银山'，要让一代代人都尝到'金山银山'的甜头呀！"

2010年10月10日，83岁的杨善洲永远告别了大亮山，告别了他亲手种植起来的这片一眼望不到边的"绿海"。为了铭记杨善洲对家乡、对国家的贡献，保山市把大亮山林场更名为"善洲林场"。

这位"捡果核的老人"，就像他留给世界的无尽的绿荫和芬芳，造福了他的家乡。他的故事也会在全

中国每一个地方传颂着,感动着一代代中国人。

## 不要把我当作一棵遮阴的大树

杨善洲老人去世后,人们从他简单的遗物里看到了一张空白的"农转非"申请表。按照当时的政策,他的家人都可以办理"农转非",可是杨善洲却默默地把这张表锁进了抽屉,把这次难得的"农转非"机会留给了别人。

"爸爸,如果你把我们全家转成城市户口,不需要你帮我们找工作,我们自己可以去考工。你总是拿大道理、大政策来压人……"

这是杨善洲的二女儿杨惠兰 1983 年 9 月 18 日

写给父亲的一封信里的话，看了真是让人心酸。当时，杨惠兰初中毕业没考上高中，在父亲的要求下回农村老家务农，因为伤心，才给父亲写了这封吐露心中委屈的信。

杨善洲看了信也很难过。他后来对人说道："我为什么不随便给他们创造条件，就是要叫他们知道杨善洲永远是个农民，我没有什么特殊之处。我要叫他们学会自己养活自己，不要把我当作一棵遮阴的大树。当官不是永久的职业，学会当好老百姓，学会走好自己的路，这才是长久之计！"

"当好干部，要顾大局，要走正道，要办正事，要为人正派。"这是杨善洲在担任保山地委书记期间总结的四条干部准则，清清楚楚地写在他的工作笔记本里。杨善洲去世后，他的三女婿杨江勇整理遗物时发现了这段话。杨善洲的这些感悟，是他在工作和生

活中总结出来的，也是时刻践行并严格要求自己的准则。

"从小时候起，父亲就对我们要求很严。"杨善洲的三女儿杨惠琴这样回忆说。杨惠琴一直在老家生活，后来才来到保山市，来到父亲身边。但杨善洲从来不允许子女坐他的公车，也不允许家人收取别人哪怕很小的礼物。

杨惠琴记得，有一天，地委大院里的一位叔叔给了她两根甘蔗。小女孩开心地举着甘蔗跑回了家。杨善洲知道后十分生气，立刻让她把甘蔗还了回去。

1987 年 12 月 10 日，杨善洲到施甸县下乡调研时，想顺路去看望一下正在施甸县职业中学读书的女儿杨惠琴，可惜没有看到。他就写了这样一封短信留给女儿："小三，爸爸希望你从初一开始就要好好学习，学习中有困难就好好问老师，问比自己进步的

同学,在学校尊重老师,虚心向同班同学学习,回家尊老爱幼,积极劳动,磨炼自己的意志。"父亲的这封短信,杨惠琴一直珍藏在笔记本中,不仅用来警醒自己,还把这封信作为杨善洲留下的"家风"和"遗训",来教育自己的儿子。

杨惠琴的儿子名叫杨宸宇皓,是个"90后"。杨宸宇皓从云南艺术学院油画专业毕业后,自主创业,在保山市开了一家靴店,生意不错。杨宸宇皓一直铭记着外公生前经常鼓励他们这些孙辈的话:"你想要的东西要靠双手劳动去得到,坚持下去,做到最好。"

蒋顺阳是杨善洲的另一个外孙。蒋顺阳在2011年大学毕业考上公务员后,一直在农村基层工作。他永远记得自己与外公杨善洲的最后一次见面。那是2010年10月1日,蒋顺阳去医院看望病重的外公,

外公身体很虚弱，就轻声问外孙："你觉得我们这代人最厉害的是什么？"

"你们的精气神好！"蒋顺阳回答说。

"不这么简单，是我们这代人有信仰，有共产党员的信仰！"外公坚定地说道。

在杨善洲老人去世10周年的时候，他的子孙们再次来到留下了老人奋斗足迹的大亮山林场，带来了对老人的缅怀和敬仰，也带来了对老人的告慰。杨善洲赤诚的精神影响了三代人，他清正和朴素的家风吹拂着三代人，也必将继续引导和照亮后来的一代代人。

# 用知识缝制坚固的铠甲

## ——钟南山的家风故事

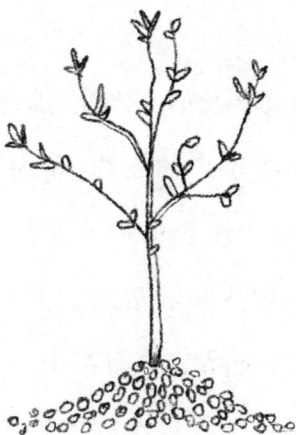

## 晶莹的泪花

2020 年春天，全国抗击新冠肺炎疫情期间，互联网上流传着一组感人的图片，名为"六张共产党员战疫面孔"。钟南山院士的那张图片上，那张熟悉的脸庞仍然有着一如往常的坚毅，但是人们一眼就能看到，他眼睛里含着晶莹的泪花……

钟南山院士是全国人民心中的"国家英雄"，他被授予"共和国勋章"是当之无愧的。从疫情暴发之

初,他就忧心忡忡、心急如焚、日夜不停地工作着。

1月18日晚,钟南山临危受命,连夜奔赴武汉,投入抗击疫情的第一线。连日来高度紧张的工作,让他的身体实在是吃不消了,在驶往武汉的列车上,他坐在餐车的座位上,靠着椅背闭目养神。这一瞬间被人拍了下来,发布到网络上。全国人民都被深深地感动了——这位令人尊敬的科学家,已经84岁了呀!

到了武汉前线,钟南山和他的科学家团队以及无数白衣天使、军医战士、志愿者一道,连续奋战了近两个月。后来有人梳理了他两个月来的行程,发现他的"战疫日程表"密密麻麻,每天都安排得满满当当,很少有空闲的时间:分析病例、讨论治疗方案、远程会诊、接受媒体采访、与各地疾控部门连线,甚至在飞机上他还在开会研究治疗方案……

这么高龄的老人,却像坚强的"铁人"一样在拼

命,始终冲在最前线,几乎没有怎么休息过。就连钟南山的老伴儿,一向全力支持他工作的李少芬奶奶都心疼地说:"84 岁了呀,能不能让他再睡一会儿?"

不过,李少芬嘴上这么说,心里却十分清楚,没有谁能劝阻住一个像钟南山这样的"工作狂"。"他太在乎自己的病人了,在他心里,病人的生命比他自己的命更重要。"李少芬说,"17 年前,'非典'来袭时,他曾说过一句话——把重病人都送到我这里来!今天,这句话好像又回来了……"

经过两个多月的苦战,钟南山对全国的疫情做出了科学的预见:4 月底基本可以控制。他对此充满了信心,也给全国人民服下了一颗定心丸。

从武汉回到广州后,钟南山和他的团队又开始马不停蹄地通过各种视频会议,为世界各国介绍中国的抗疫经验,在全球"战疫"中贡献"中国力量"。

疫情期间，很多人都从电视上看到过，在说到国家遭遇危难、人民遭受到病毒的侵害、不少医护人员在抗疫一线献出了宝贵生命的时候，钟南山眼中就禁不住噙着晶莹的泪花。

有人说钟南山是英雄，但他自己觉得这个称号应该属于全体医务工作者。他说："我必须重申，我国绝大多数的医务人员，从来都是白衣天使，他们从未离开过这个名称……我们从来没变，从不同时期、不同的阶段，从我们医务人员的表现中就看得出来了。有没有沧海横流，我们的医务人员都在彰显英雄本色……他们是真正献身于这个事业的一群人。"

"为什么我的眼里常含泪水？因为我对这土地爱得深沉……"人们用诗人艾青的诗句，来形容钟南山对党和祖国的忠诚以及对人民真挚的热爱。

## 润物无声的好家风

《人民日报》曾这样评价钟南山："有院士的专业，有战士的勇猛，更有国士的担当。"说起钟南山的成长之路，不能不说到他的父亲、著名儿科医学专家钟世藩对他的影响。

钟南山从很小的时候起，就受到父辈医者仁心、悬壶济世、救死扶伤等优良传统的熏陶。小时候，他经常看到，父亲本来已经下班回家，有时一家人都已经坐在饭桌边了，但只要有病人，父亲就会立刻放下碗筷，朝医院奔去。

在少年钟南山的记忆里，父亲有很多好习惯、好

品德，让他牢记在心，一生难忘。当他自己也开始从医时，很自然地就学着父亲的样子，把一些优良的传统传承了下来。

比如，他的父亲在填写任何一份病历时，都认认真真地书写，一丝不苟。这样，哪怕不是医学专业的人，拿起病历也都能"看得懂"。

再比如，父亲给人开药方，总是先替病人和病人的家属着想，能少用药就少用药，能用价格便宜的药，就绝不用价格偏贵的药。

在钟南山的印象里，学识渊博的父亲一直保持着手不释卷、勤奋好学的好习惯。父亲的记忆力特别好，凡是跟随父亲查过病房的医生，都很佩服他，因为他连一些平时很少见的病症，也能随口讲出诊治要点来。

有一次，大家在一起讨论一个疑难病例，父亲怀

疑病人得了一种罕见病。大家全都面面相觑，表示难以相信。父亲就叫人取来一本儿科学教科书让大家查找。书有些厚，大家就一页一页地翻了起来。父亲说这个病在某一页里可以找到，大家翻到那页仔细一看，一点儿没错，果然如此！

钟南山听说了这个故事，很佩服父亲博闻强记的功夫，想从父亲那里"讨教"一二。

父亲却微微一笑说："没有别的什么秘诀，多读、多问、勤记，就能做到。"说着，父亲拿出了一个随身携带的小本子，对钟南山说："凡是新发现的、讨论过的疑难病例，我都随时记录在这个随身带的小本上，接下来也不要忘记向主管医生追踪结果……"

父亲的医者风范，还有言传身教的良好家风，有如春风细雨，润物无声，对钟南山的成长影响巨大。钟南山后来回忆说："正是父亲从医时的一言一行，

让我很小的时候就获得了一个印象——原来当一名医生，是这样的被人需要呀！医生不但可以救死扶伤，而且还备受人们的尊敬。"


## 赤诚爱国的父亲


　　人们常常说钟南山是"国士无双"，称赞他的爱国精神和高超医术。钟南山自己回忆往事时则表示，自己的爱国之心离不开父亲的影响和教导。

　　在广州解放前夕，当时的国民党政府派人来广州，命令钟南山的父亲钟世藩带上医院的 13 万美元，和全家人一起连夜撤往台湾。钟世藩是一位正直的、满怀国家和民族大义的医学家，他早已看透了国

民党反动派腐败无能、与人民为敌的本质,对国民党反动派深恶痛绝,对中国共产党和即将获得新生的祖国,充满了热切的希望和期待。所以,他冒着被国民党反动派报复的危险,拒不执行这个命令,和全家人留在了广州。等解放军一进广州城,钟世藩立刻就把医院里的 13 万美元全部交给了当时的临时军事管制委员会。

钟南山回忆说,父亲的这个"义举"体现了一个追求光明、追求真理的爱国知识分子的正直品德和赤诚情怀,也对自己产生了直接影响。1950 年,广东省少年先锋队成立后,14 岁的钟南山光荣地加入了少先队,自豪地戴上了鲜艳的红领巾,成为新中国诞生后广东省的第一批少先队员。

钟世藩老先生晚年时,觉得应该把自己几十年来积累下来的临床经验写成文字,分享给年轻一代

的医护人员。已经是古稀之年的他，坚持每天去图书馆查阅资料、整理文稿。然而，当时的钟世藩已经患上了严重的白内障，视力越来越不好，他就握着放大镜，一行一行地查看医学文献。后来放大镜也起不到作用了，老先生只好请来一个助手，帮助他查阅资料，并读给他听。

连钟南山都觉得这是一个奇迹，他的老父亲在一只眼睛几乎失明的状况下，竟然用三年的时间，艰难地写下了一部40万字的《儿科疾病鉴别诊断》。这部书也成了中国儿科医学领域中实用性很强的必读书。

这部书出版后，钟世藩得到了出版社给的3000元稿费，但他一分钱也没留，拿出一半赠送给帮他的温医生，又拿出1000元送给其他帮忙查找资料的人，老先生用剩下的钱买了200多本自己的书，分送

给了有需要的朋友和年轻医生。

这件事给了钟南山很大的触动。他后来对人说："父亲这样做，非常符合他一贯的为人。他毕生都把救死扶伤、帮困助弱、悬壶济世，作为自己做人、做事的准则，他对医生这个神圣的职业有着执着的追求，总是希望别人过得更好、更幸福一些。"

1959年，钟世藩这位从旧中国艰难走来的老知识分子，光荣地加入了中国共产党。

## 谁言寸草心，报得三春晖

钟南山还有一位令人尊敬的好母亲，她对少年钟南山成长的影响也很大。钟南山一直记得下面这几件小事。

读小学的时候，钟南山的成绩一开始并不算好，甚至还留过一次级。他回忆说："念五年级时，有一次考试，我偶然取得了不错的成绩，妈妈知道了，高兴得不得了，就对我说，南山，看来你还是挺厉害的呀！"妈妈这句温暖的、充满鼓励的话，让小南山一下子对自己有了巨大的信心。他说："当时，我觉得妈妈一下子把我的一个'亮点'找了出来，我有了自

尊心，觉得有人赞美我了！从那时起，我重新找到了一种自信，开始认真读书了。后来的成绩一直都不错。"

除了肯定钟南山偶尔取得的好成绩，妈妈还经常言传身教，告诉他要做一个信守承诺的人。

钟南山读六年级的时候，看到别人家的小伙伴有一辆自行车，心里羡慕得不得了。妈妈看出了他的心思，就对他说："南山呀，不用眼馋人家的，你要是小学毕业能考到前五名，妈妈一定奖励你一辆自行车！"

那是在1949年，钟南山正在岭南大学附属小学读书。很可惜的是，当他那个年级临近毕业的时候，学校因故决定不举行毕业考试了。这样一来，钟南山想得到妈妈奖励一辆自行车的愿望也就落空了。

后来，学校根据每个学生平时的成绩，补发了一

份成绩单,算作毕业考试成绩。钟南山的成绩排在全校第二名。

但是那一年,因为整个广州城通货膨胀,钟家也遭遇到了困难。钟南山想,妈妈当初说的是"考试",而这次学校补发的成绩单,严格说来不能算是考试成绩。所以,虽然他心里还在想着那辆自行车,却不好意思跟妈妈开口。

出乎他意料的是,有一天,妈妈突然给他买回了一辆自行车,兑现了自己的承诺。

后来,钟南山每次回忆起这件事,内心都对妈妈充满了深深的感激,他说:"从那时起,我就记住了一件事情——只要你答应了人家的事,就一定要尽力去做到,这就是妈妈教给我的一个做人的准则。现在我对自己的孩子、对我的学生,也是这样做、这样要求的,要么不答应,答应了我就一定要做到。中国

古代有个成语,叫'千金一诺',可见,信守承诺是中国人的一个传统美德。"

"谁言寸草心,报得三春晖。"除了信守承诺,钟南山还从母亲那里学到了宽容、善良、要有同情心,这使他成了一个温暖而充满爱心的人。钟南山的病人、同事信赖他,不仅是因为他医术高明,还因为他从里到外散发着能够温暖别人的光芒。

千百年来,中华民族的一代代优秀儿女,包括一代代的科学家、知识分子,都把赤诚报国、为国家建功立业视为自己的最高梦想和追求的目标。从钟南山身上,我们也清晰地看到了这一点。

## 用知识缝制坚固的铠甲

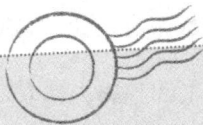

亲爱的孩子们：

在这个乍暖还寒的初春，我很高兴收到你们的来信。

在疫情防控仍然处于关键阶段的时候，我收到了你们来自广东广州、广东江门、(广东)佛山南海、(广东)东莞石龙、北京、山东淄博、山东济宁、安徽池州、江苏连云港、广西梧州等地的来信（信件），有很多地方我还没有去过，谢谢你们把家乡

的风景带到了我的眼前。

　　信中,我看到了你们认真的一笔一划、用心设计(的)颜色鲜艳的图画、稚嫩的文字、真挚的语气、你们的勇气和理想,(这些)都深深地感动着我。生长在这个时代,你们是幸福的。你们善于表达、善于分享,中国有你们这充满活力的新生代,我感到无比欣慰!

　　这个春节注定是不平凡的,你们有害怕、也有担忧;但是我更多地看到了你们的勇气和你们的理想。新冠肺炎,这不是中国的疾病,而是人类的疾病。希望你们相信我们的国家,相信我们的白衣天使战队,无论是在一线抗疫,还是在家里学习,我们都是在与疾病进行战斗。

我相信你们会好好利用"停课不停学"的这段日子不断学习，用知识缝制铠甲，不远的将来，当你们走出（向）社会，在各行各业都将由你们披甲上阵。

　　你们是未来的接班人，希望你们好好学习，投身于祖国的建设，不惧艰辛、勇敢前行！

南山爷爷

2020 年 3 月 5 日

　　这是钟南山写给孩子们的一封亲笔信。

　　在 2020 年这个特殊的春天里，钟南山源源不断地收到全国各地的中小学生写给他的书信，还有孩子们手绘的肖像画、手抄的小报、精心制作的剪纸作品等。他没有办法一一回复，只好通过上面这封书

信,向全国的小朋友表达他的感谢,也传递出了他对孩子们的爱和期望。

这封书信写得情真意切,读来令人感动,让我们看到了一位智慧的科学家,一位善良的老人,对正在成长的一代新人的博大的爱心。就像一棵冠盖如云的大树,对树下的小花小草默默的关注和守护,在寒风袭来的时候,钟南山也向着所有需要保护的孩子,张开了自己温暖的怀抱……

在钟南山心目中,祖国的未来、人类的未来,终归是孩子们的。所以他殷切希望每一个孩子都能够"用知识缝制铠甲",在不远的将来,敢于"披甲上阵",投身祖国的建设事业,不惧艰辛、勇敢前行!

钟南山写给孩子们的这封信,通过网络迅速被全中国无数的孩子、家长和老师所熟知。很多家长都亲自把这封书信朗读给孩子听。老师们也通过线上

课程,给学生朗读这封信。

大家纷纷通过网络留言说:"钟爷爷的信太暖心了!""钟爷爷是令人敬佩的'国家脊梁'和'国家英雄',也是孩子们永远的'偶像'。"

那么,请记住钟爷爷的话:"用知识缝制铠甲,不远的将来,当你们走出(向)社会,在各行各业都将由你们披甲上阵。"你的天空,你的高度,将从一颗勇敢的、奋发向上的心开始。是飞向屋顶、树梢、云层,还是飞向更远、更高、更寥廓的星空,那就要看这颗心把你的梦想带往哪里了……

# 你是国家的儿子

## ——黄大年的家风故事

## 少年有梦且缤纷

大山是那么高，连绵起伏，一座连着一座。黄大年是那么小，每天都要走着弯弯的、长长的山路去上学。在大西南群山的怀抱里，他和小伙伴们，就像一个个小小的逗号。

黄大年很小的时候，父亲就告诉过他，每一座高山，每一条江河，都是祖国母亲的一部分；大山深处，还有祖国需要的各种宝藏。

从一本连环画上，黄大年认识了一位中国科学家——李四光。父亲告诉他，李四光是听从新中国的召唤，从国外回来的地质学家，他拿着地质锤，走遍了祖国大地，为国家找到了珍贵的石油等矿藏。

"爸爸，等我长大了，也想像李四光爷爷那样，去为国家探宝！"黄大年说道。

"那真是太好了！"父亲拍着为他买回的《十万个为什么》说，"不过，大年呀，'书山有路勤为径'，只有多读书，才能实现自己的理想。"

黄大年牢记父亲的话，深深地爱上了读书，他迈着小小的步伐，向着一座座"书山"攀登。每一本书，都是一个小小的石级。

高中毕业时，他不再是一个瘦小的孩子了。这个浑身充满力量的少年，从几百人中被选拔出来，成了一名令人骄傲的"航空物探操作员"。第一次坐在飞

机上俯瞰大地,他兴奋得张开双臂,想要拥抱辽阔、美丽的山河。17 岁的少年,正朝着"为国家探宝"的梦想飞翔。

两年后,他考进了远在东北的长春地质学院——这是李四光创办的、新中国第一所地质专科学校。他的辅导老师帮他扛着行李,领着他跨进了学校大门。

藏书丰富的图书馆是他最喜欢的地方。坐在李四光画像前看书,他觉得,大师好像正在用鼓励的目光看着他说:"好样的,黄大年,加油吧⋯⋯"

夜深了,他站在窗前,想念远方的父亲和母亲。借着皎洁的月光,他一遍遍读着父亲写来的家书:"大年,你是我们的儿子,也是国家的儿子,要珍惜时光,早点儿学好本领,报效国家⋯⋯"

## 为祖国寻找富饶的矿藏

天没亮，星星还在深蓝色的天空中闪烁，黄大年和同学们一起，唱着《勘探队员之歌》出发了。

············

背起了我们的行装，

攀上了层层的山峰，

我们怀着无限的希望，

为祖国寻找出丰富的矿藏。

在巍峨的群山中，他们寻找、敲打着一块块石

172

头。

"做一名优秀的地球物理学家,把地球变成'透明'的!"

他一边朝着更高的山峰攀登,一边想象着,到那时候我们的祖国需要什么,我们就能为她开采什么。

冬天来了,雪花轻轻落在高高的山上,落在深深的河谷里,落在美丽的白桦林和松树林里……北方的冬天真美,常常让他流连忘返。

1992年,已经成为大学教师的黄大年获得"中英友好奖学金项目"资助。作为30个全额受资助者中唯一的地球物理学研究者,他就要离开祖国,去英国留学了。他独自来到冬天的山谷间,想再看一看壮丽的北国风光,看一看他在野外勘探时住过的小木屋,空旷的雪地上,留下了他深深的脚印。

"等着我,我一定把最先进的技术学到手,带回

祖国来,研制出我们自己的地球物探仪器！"他紧紧拥抱着为他送行的同事说,"我会想念你们的！"


## 我的祖国正在远方等待我


四年后的一个早晨,金黄色的迎春花正在盛开。小礼堂里,传出一阵阵热烈的掌声——黄大年以排名第一的优异成绩,获得了英国利兹大学地球物理学博士学位。

"祝贺你,年轻人,你是利兹大学的骄傲,世界正在等待你！"德高望重的老教授为他颁发了学位证书。"谢谢您,大师。"在接过证书的那一瞬间,他在心里说:"我的祖国正在远方等待我。"

为了追赶国外同行的研究，一年后，黄大年进入英国剑桥 ARKeX 航空地球物理公司担任高级研究员。他在这里工作了十二年，一步步成为航空地球物理领域的传奇人物，成了享誉世界的科学家。

他住在美丽的康河河畔一座带有宽阔草坪的花园别墅里。他美丽的妻子是一位医师，在这里拥有两家诊所。在这里，黄大年还拥有设备齐全的实验室、优厚的工作待遇……但是这一切，都不能把他留在英国。他一刻也没有忘记父母对他说过的话："大年，你是我们的儿子，也是国家的儿子，要珍惜时光，早点儿学好本领，报效国家……"

这一天，他正在北大西洋海底做一个实验，突然，从祖国传来一个急电：父亲病危了！

舰长如实相告："黄先生，只要你同意，我们可以破例上浮，送你回国去见亲人最后一面，不过，你的

这个实验计划将会中断……"

他深深明白，这个实验对于将来的事业有多么重要。他含着泪水望着舰长，痛苦地摇了摇头。他没能回国见父亲最后一面。父亲只给他留下了一句话："大年啊，要记住，你是有祖国的人！"

两年后，母亲也去世了。母亲给他留下的，同样也是这句话："大年啊，要记住，你是有祖国的人！"

2009 年 12 月 24 日，人们正沉浸在平安夜的欢乐里，黄大年告别了妻子和女儿，拉着行李箱，走进了空荡荡的候机厅。透过飞机舷窗，他久久凝望着繁星闪耀的夜空："我回来了，回来了……"黎明时分，他看到了机翼下面，祖国辽阔的山河大地。

## 我爱你，中国

回到母校，黄大年担任了地球探测科学与技术学院教授。作为首席科学家，他同时也承担起了国家的一些重大科研项目。他们研制的一种"神器"，叫"高精度航空重力梯度测量仪"。

"请你们想象一下，我们的工作是多么美丽和浪漫！就像在飞机、舰船、卫星等移动平台上安装上了'千里眼'，又像在给地球做'CT'检查，能让整个地球变得'透明'……"他这样给学生们描述他们的研究项目。是呀，以前勘探队员只能靠着双腿去野外勘探，每天只能走几十公里，而且只能发现埋藏较浅的

矿藏。可是，有了他们研制的"神器"，勘探队员就可以用"日行万里"的速度，"看清"深埋在祖国大地下面的各种矿藏，"看清"地层深部的构造，研究和预防各种地质灾害。而这种"神器"既可以装在无人机上，也可以装在人造卫星上，它也是保护我们国家、维护人类和平的"神器"。

此外，黄大年还主持研制了"地壳一号"万米大陆科学钻机，他被人们称为"战略科学家"。

此刻，他就像一名充满力量的竞赛选手，迈开大步，与时间赛跑！在风中，在雨中，在星空下，在烈日下，在白雪皑皑的山谷里，在飞机上，在列车上，在讲台上……他日夜操劳和奔忙着。当他太累太累时，就睡在办公室的沙发上和地板上……

"大年啊，要记住，你是有祖国的人！"

仰望着满天的星星，他好像又听见了父亲和母

亲的叮咛。他庆幸自己一直在朝着"为国家探宝"的梦想飞翔。

他想到了小时候听过的那个红舞鞋的童话：只要穿上神奇的红舞鞋，就可以不停地旋转，旋转，旋转……对着星空，他默默许愿："时光啊，请给我一双红舞鞋吧！"

可是，他还没有等到那双红舞鞋，就累倒在了舞台上。2017年1月8日，年仅58岁的航空地球物理学家、战略科学家黄大年，永远告别了自己挚爱的祖国，回到了大地母亲的怀抱里……

一束洁白的玫瑰，放在他工作过的实验台上，摆满矿石的实验室里，却再也看不到那个充满力量的身影了，只有他生前最喜欢唱的那首歌《我爱你，中国》，仿佛还在轻轻回荡："我爱你，中国，我爱你，中国！……我要把美好的青春献给你，我的母亲，我的

祖国！"

　　黄大年不仅是科学家、大学教授,更是一位优秀的共产党员和"时代楷模"。2017 年 5 月,习近平总书记对黄大年先进事迹做出重要指示,他说:"黄大年同志秉持科技报国理想,把为祖国富强、民族振兴、人民幸福贡献力量作为毕生追求,为我国教育科研事业作出了突出贡献,他的先进事迹感人肺腑。"①

　　2018 年 3 月 1 日,黄大年被评选为"感动中国 2017 年度人物",主持人含泪诵读了这样一份颁奖辞:"作别康河的水草,归来做祖国的栋梁。天妒英才,你就在这七年中争分夺秒。透支自己,也要让人生发光。地质宫五楼的灯,源自前辈们的薪传,永不熄灭。"

----

①新华社.习近平对黄大年同志先进事迹作出重要指示[N].人民日报,
　2017-05-26(1).

百坭村的女儿
——黄文秀的家风故事

## 百色的大山，你是最美的朝霞

"有些人从山里走了，就不再回来，你从城里回来，却再没有离开。来的时候惴惴，怕自己不够勇敢，走的时候匆匆，留下最美的韶华。百色的大山，你是最美的朝霞，脱贫的战场，你是醒目的黄花。"

这段颁奖辞是献给年轻的壮家女儿、"感动中国2019 年度人物"、广西百色市乐业县百坭村原驻村第一书记黄文秀的。可惜的是，这样的颁奖辞，年轻

的黄文秀听不见了。她的英魂，已经化作美丽的彩云，永远飘在家乡百色的山冈和田野上了。

1989 年，黄文秀出生在广西百色市田阳县（今田阳区）一个农民家庭。小时候，她家境贫寒，是在国家助学政策帮助下才完成学业的。

父亲黄忠杰曾叮嘱她说："文秀呀，没有共产党，我们家不可能脱贫，不可能有今天的生活，所以，你一定要感恩，一定要入党，为国家多做一点儿贡献啊！"2011 年 6 月，品学兼优的黄文秀在山西长治学院读书时，如愿成为一名光荣的党员。

2016 年，黄文秀以北京师范大学硕士研究生的身份毕业后，毅然放弃了留在大城市的工作机会，加入了广西选调生队伍，回到生她养她的家乡。

## 扶贫路上，有苦也有甜

百坭村，是广西百色地区一个深度贫困村，全村有 11 个自然屯，散落在大山的"褶皱"里，有几个屯子离村委会有 10 多公里远，最远的达 13 公里。2018 年 3 月，29 岁的黄文秀刚拿到驾照一个多月，就来到百坭村，担任驻村第一书记。

不过，黄文秀刚到百坭村时，乡亲们对这个年轻的女娃子也心存疑问。"这里生活太苦了，山路崎岖，一个女孩子，哪里受得了！"乡亲们心里嘀咕着。好在没过多久，乡亲们就放心了。大家发现，黄文秀不愧是念过大学的人，不但吃苦耐劳，而且对扶贫的思路说得头头是道，让大家心服口服。

村里有个年轻人叫罗向诚，原本在南宁打工，家里日子还算可以。可是因为父亲患上肝癌，医疗费用

数额巨大，最终也没能挽回父亲的生命，全家也因病返贫。黄文秀看在眼里后，多次到罗向诚家找他谈心，鼓励他重新振作起来。

"把你父亲的油茶林护理好，那是一片致富林，不要轻言放弃。"黄文秀的话，带给了小伙子一些信心。他原本仍想外出打工，最终被劝住了。黄文秀请来技术专家帮助他解决种植管护难题，还协助他申请贷款开办了碾米厂、榨油坊。2018年，罗向诚一家不仅重新脱贫，日子还越过越红火。"现在我的茶油一斤卖50块钱，在家的收入比外出打工高多了。"罗向诚说，"没有文秀书记，我哪会有今天呀？说不定还在城里寄人篱下呢！"

仅仅驻村一年，黄文秀就把全村所有贫困户仔细地"梳"了好几遍。她在一篇文章中写道："在我驻村满一年的那天，我的汽车仪表盘的里程数正好增

加了 25000 公里，我简单地发了一个朋友圈——我心中的长征,驻村一周年愉快。"她又写道:"2018 年行驶过的扶贫之路,对我而言更像是心中的长征,这条路上我拿出了极大的勇气和极大的信心。"

百坭村共有建档立卡贫困户 195 户 883 人。2018 年,黄文秀带领全村通过易地扶贫搬迁,脱贫 18 户 56 人,此外,教育脱贫 28 户 152 人,发展生产脱贫 42 户 209 人,总计 88 户 417 人,新建了 4 个蓄水池,村集体经济收入达到 6.38 万元。

**永远的芳华**

美丽的青春之花正在绽放,脱贫决胜之战的号

角已经吹响，年轻的黄文秀也正在规划和憧憬着百坭村乡亲们未来的日子……

2019 年 6 月 16 日，黄文秀回田阳县看望刚做过手术的父亲，但她的心里一直在担忧：最近几天，暴雨连续不断，会不会给百坭村的庄稼和果树带来什么危害呢？

看过父亲后，她因为心里有事，就没有多停留，连夜开着车赶回百坭村。原来，村干部给她打来了电话，说是有条水渠被洪水冲垮了。

可是，谁也没有料到，就在回村途中，深更半夜的时候，一股凶猛的山洪突然袭来。借着车灯，黄文秀看到，洪水包围了她的车子。

"我遇到洪水了。"她拍了个视频发给大哥黄茂益。这是她留给亲人的最后的话。这个年仅 30 岁的壮家女儿，就在这个深夜，被山洪和夜色给卷走了。

村里有个贫困户黄仕京，曾这样问过黄文秀："大家都说你是北京毕业的研究生,你为什么到我们这么偏远的农村工作？"黄文秀说:"这里是脱贫的主战场,我有什么理由不来呢?共产党是为群众谋幸福的党,我是一名党员,这是我的使命。"

在"时代楷模"发布仪式上,黄文秀的父亲这样说道:"党培养了文秀，她为党的事业做出贡献,我们以她为荣。"年轻的黄文秀倒在了扶贫路上,但她用一段奋斗的青春芳华,换来了乡亲们的幸福,使百坭村成为所在镇脱贫人数最多的一个山村。

黄文秀尚未完成的事业,也后继有人。在她殉职半个多月后,7月3日,来自百色市委宣传部的青年干部杨杰兴,接过了她留下的"接力棒",来到百坭村接任了驻村第一书记。